橋本美緒的木雕教室

小木塊就能做！全手刻動物圖案生活雜貨、配件與擺設

橋本美緒◎著

朱雀文化

前言 Prologue

已經是超過 20 年以上的事了。當時還是東京的美術大學學生的我，自從老家養的貓過世後，總想著要捕捉牠的身影，因此按照留下的幾張照片開始製作雕刻。

可是完全做不出來。以前花了那麼多時間抱著牠、撫摸著牠、陪伴著牠，當下腦海中卻幾乎想不起牠的身影與模樣，真可說是束手無策。

因此深刻體會到，形體其實是看得見又看不見的事物。

從那個時候開始，我不斷嘗試著如何完整呈現出眼前生物除了形體以外的存在感、生命感、柔和與堅強的溫暖印象，還有開心或悲傷的情感，希望能雕刻出這樣的作品。

最後發現，最好的方式，是直接感受眼前的事物來雕刻，製作自己喜愛的事物。自己打從心裡想要呈現出來的作品，不管是誰看了也都會有同樣的感覺。我開始抱持著這樣的信念。

創作這件事，是在作品中灌注生命。手作的作品更是，還會帶著故事與記憶。而最近我更進一步體會到，創作其實是要讓作品能夠活用。意思是，樹木生長經過漫長的歲月，最後變成雕刻的材料，之後透過自己的雙手做出作品，在生活中使用，又在使用中增添新的回憶，賦予新的生命。

生活中使用自己手作的物品，即使破了、壞了，也可以自己修復。修好以後可能比以前少了一點，形狀變得不一樣，但又能夠在生活中繼續使用。

本書是介紹如何製作日常物品、可以配戴在身上的飾物，還有室內的擺設等讓人開心的木雕作品，希望能讓讀者們了解到手作的快樂，以及手作為我們帶來的嶄新故事。

目錄

Contents

湯匙上可以看到貓咪與柴犬可愛的臉喔！
讓人不禁露出笑容，
將這麼美好的餐具擺到餐桌上。

做法參照
P.20

做法參照
P.26

做法參照
P.32

貓咪盤子

一看到這個張大嘴巴的貓咪盤子，
彷彿可以聽見「喵～」的叫聲。
放上好吃的點心，
馬上能展開快樂的下午茶時光。

做法參照
P.36

燕子胸針

感覺現在就要一飛衝天，
充滿魅力的敏捷姿態。
可以搭配黑白色調的衣服，
或是做為帽子、領巾的重點裝飾。

做法參照
P.42

兔子浮雕

被酢漿草包圍著，
站在草原上的可愛兔子浮雕。
擺放在窗邊，回到家即使疲累，
也能露出會心一笑。

做法參照
P.50

海洋生物平衡吊飾

陽光照射在搖搖晃晃的平衡吊飾上，
海洋生物彷彿在海中游泳一般。
可以按照自己的喜好連接吊掛。

虎斑貓戒枕

傲嬌的臉龐是魅力所在，
很適合放置自己喜愛的戒指，
擺放在玄關，出門時看一眼，
絕對會不自覺地笑逐顏開。

做法参照
P.64

黑柴犬戒枕

和這雙惹人憐愛的眼睛相對，
目光就無法移開！
與虎斑貓戒枕並排裝飾，
可愛的程度更能提高好幾倍。

做法参照
P.76

基礎
Basics

基礎木雕課程

首先介紹木雕使用的基本工具與步驟。
沒有想像中那麼難，抱持著輕鬆的心情開始吧！

● 認識主要工具

只要擁有以下這幾款工具，就可以開始進行木雕。不用擔心，都是在居家修繕用品店或手工藝店就可以買到的工具喔！

雕刻刀的使用差異，可參照 p.19。

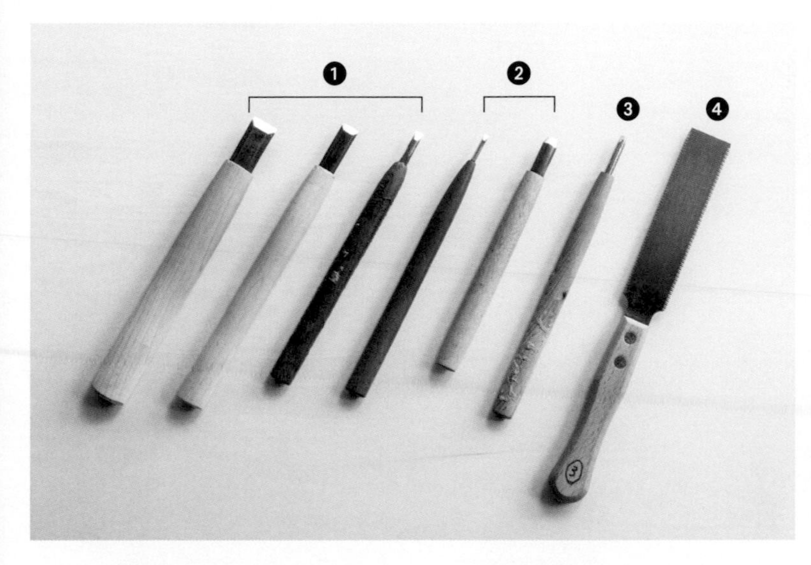

雕刻工具

❶平口刀
平面刀頭的雕刻刀。非常適合平面雕刻，用途最廣。

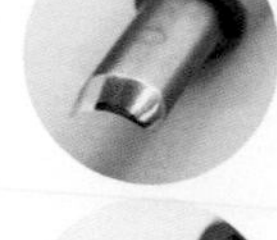

❷圓口刀
半圓刀頭的雕刻刀。可在木塊表面挖鑿雕刻。

❸三角刀
V 字刀頭的雕刻刀。適合需要均勻挖鑿之處。

❹小手鋸
用於雕刻的第一步，將木塊不需要的部分大致削除。

上色工具

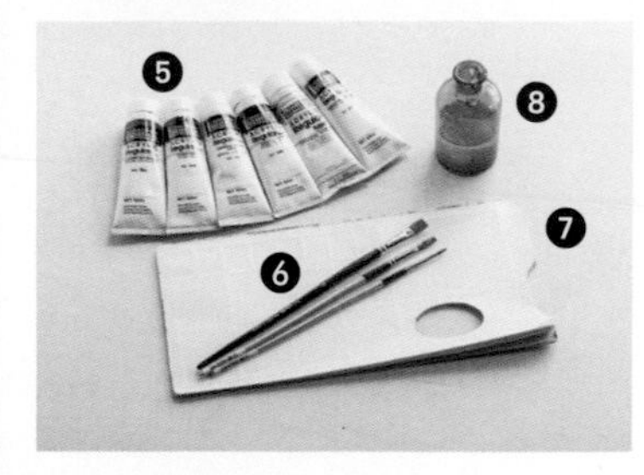

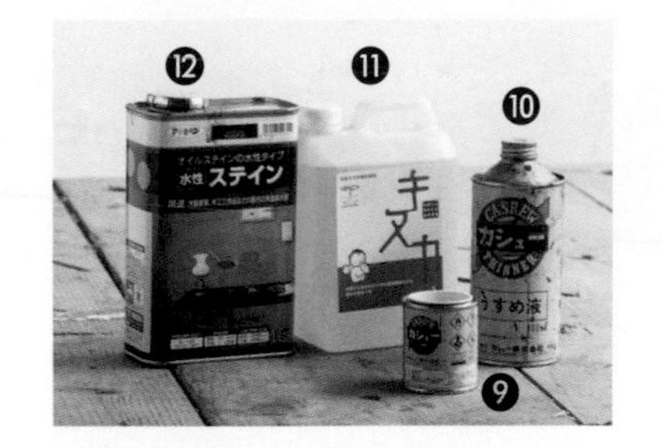

❺水彩顏料
透明水彩或壓克力顏料等不透明水彩都可以。只要有黑、白、紅、藍、黃五種基本色，就能調配出所有顏色。

❻平頭筆・勾線筆
沾取顏料上色的水彩筆。平頭筆刷毛面積較寬，用於大面積上色。細節描繪則使用勾線筆。

❼調色盤
調色用的水彩盤。只要能混合顏料，使用其他器皿也可以。

❽洗筆桶
用於稀釋水彩、清洗水彩筆。

❾腰果漆
腰果殼提煉製成的塗料漆，具有光澤感，通常使用於木雕動物的眼睛與口鼻等處。

❿腰果漆稀釋液
腰果漆不能加水稀釋，一定要使用專門的稀釋液。

⓫食用漆
以日本產米糠與植物油為主成分的純天然塗料，使用於餐具的最後修飾。

⓬水性護木漆
提高木材質感的塗料。讓黑色柴犬的手感更溫潤。

其他

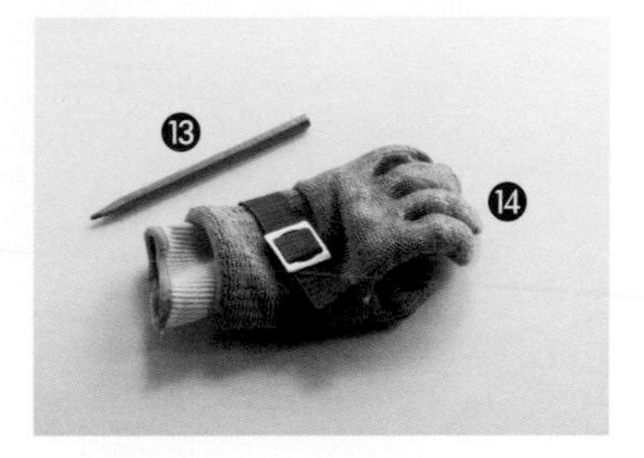

⓭鉛筆
一開始在木塊上打稿時使用。

⓮防割手套
可防止割傷的雙層手套，不拿雕刻刀的那隻手一定要戴，這樣下刀時就算手滑也不怕受傷。

● 認識材料

依照木材種類的不同，雕刻難度與顏色、感覺也會不一樣。製作前，先根據作品的大小與氛圍選擇合適的木材。在台灣，可以在木雕工作室、手工藝專區、居家修繕用品店，或者蝦皮、pinkoi 等網路平台購買。

楠木

硬度適中，易於雕刻，是木雕常用的木材。氣味芬芳，雕刻時整個空間會充滿了楠木的香氣。

核桃木

具有一定韌度，但硬度沒有那麼高，雕刻起來也容易。觸感絲滑，非常舒服。

胡桃木

核桃木的一種，但比一般核桃木顏色更黑，硬度適中。具光澤感，隨著歲月流逝更有風味。這樣的顏色適合製成胸針等小物。

櫻桃木

適合細節雕刻。不過因為硬度較高，初學者操作較為費力。櫻桃木屑也可以用來煙燻，香氣十足。

●雕刻的步驟

仔細觀察動物模特兒，想像牠的姿態要如何用木頭雕刻出來。製作過程中最好能直接看著模特兒雕刻！平常看不到的部分也要仔細觀察，用眼睛看或是用手觸摸再來雕刻，眼前就會浮現最好的模樣。

步驟 1
打稿
用鉛筆將想雕刻的形體大致畫在木塊上，可以看著線稿素描（參照 p.72）來畫。如果線條看不清楚，可以用油性筆。

步驟 2
打胚
沿著木塊上畫好的線條刻出大致形體。大膽挖鑿出整體輪廓，留下需要的部分再修整。

步驟 3
粗胚
用小手鋸或雕刻刀刻出輪廓，注意整體的平衡，不要一直雕刻同一處，訣竅在於不停轉動木塊，從各個角度觀察整體狀況雕刻。

步驟 4
修光
將稜角邊線修圓。將粗胚大致雕刻出的形狀修整出平滑的線條，讓作品不管從哪個角度都能看清輪廓。

步驟 5
細胚
仔細修整眼睛、口鼻，以及身體毛皮的質感。把握「在傷害到動物前停下雕刻刀」的感覺。

步驟 6
上色
仔細觀察動物模特兒，著上身體花紋與眼睛的顏色，讓雕刻出來的動物栩栩如生。

下一頁開始說明動物雜貨小物的雕刻方法！

貓木偶木雕
基本技法教學

Wood Carving Tutorial

在開始製作木雕動物之前，
先做個簡單的貓木偶吧！
形狀雖然單純，但可以學到許多木雕
必要的手法與重點技巧喔！

必備工具

木塊（楠木）、平口刀、圓口刀、三角刀、鉛筆、小手鋸、腰果漆（黑）

楠木：
長 12× 寬 8× 高 8（公分）

需要的部分

木紋

正面

不需要的部分

打稿

順著縱向 01 木紋，在木材較寬的那面，畫上貓臉正面直立的輪廓。耳朵尖端頂在木塊上緣的邊角，像兩個傾斜 45 度的正三角形。順著耳朵畫出橢圓形的臉，然後加上身體的線條。

用尺
也 OK 喔！

POINT

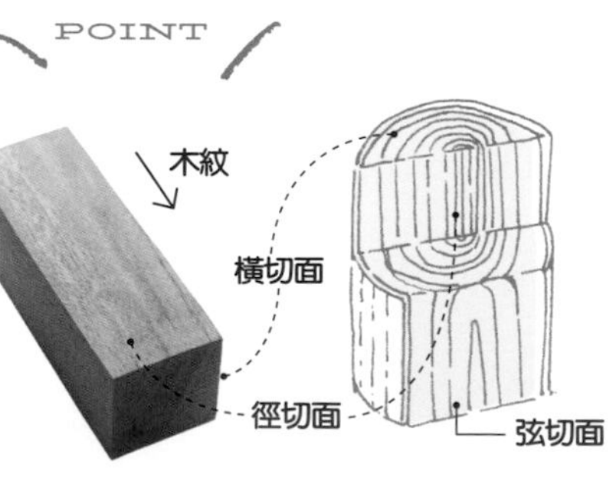

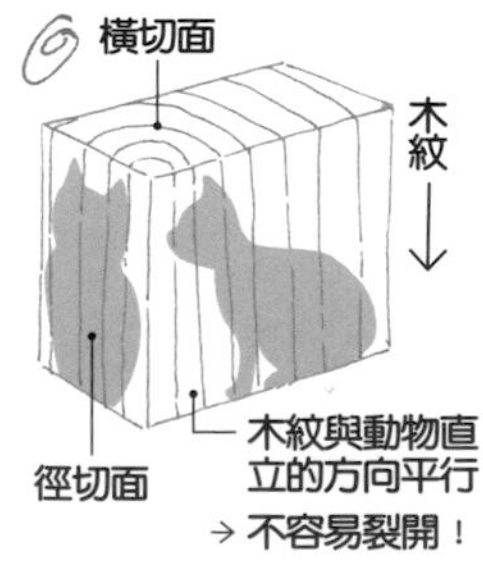

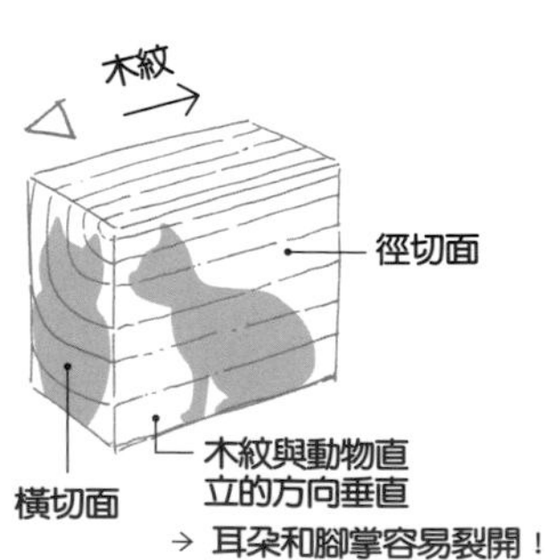

木雕的重點

01 木紋與木雕

沿著直條木紋的方向雕刻比較輕鬆。若垂直於木紋施力，木頭易裂開，所以尾巴或翅膀尖端、手腳等細長延伸的部分，要平行於木紋繪製。木紋是樹木從地面往天空生長的方向，因此雕刻直立動物時，要讓重力方向與木紋方向搭配，重心才會穩定。

橫切面

橫切樹幹，木紋呈現出完整年輪的斷面。這個部分相當堅硬，不好雕刻。

徑切面

切面呈現縱向直條木紋，下刀容易，雕刻起來相當輕鬆。

02 小手鋸的使用方法

用小手鋸時盡量靠近自己身體的正面，下鋸時如果角度偏了會整個歪掉，所以要保持垂直方向！日本的小手鋸是後拉時進行切割，所以後拉才要施力，前推時則放鬆。非慣用手握持木塊時的力量調節很重要。

站著雕刻
比較容易施力

垂直削除斜線部分

在木塊側面畫上垂直於木紋的橫線，並將線段延伸至木塊正面與背面上、脖子和身體等下凹的部位。這時要注意正面和背面的線段終點必須位於相對水平位置！沿著線段使用02小手鋸切割，再用刀刃較寬的平口刀插入03削除斜線的部分。如果覺得施力困難，可以轉個方向04從另一頭雕刻。

小建議 非慣用手也要像拿著雕刻刀施力的手一樣，確實固定住木塊。如果木塊尺寸過小難以握持，可以使用夾鉗輔助，或者善用桌角邊緣來固定，避免滑掉。

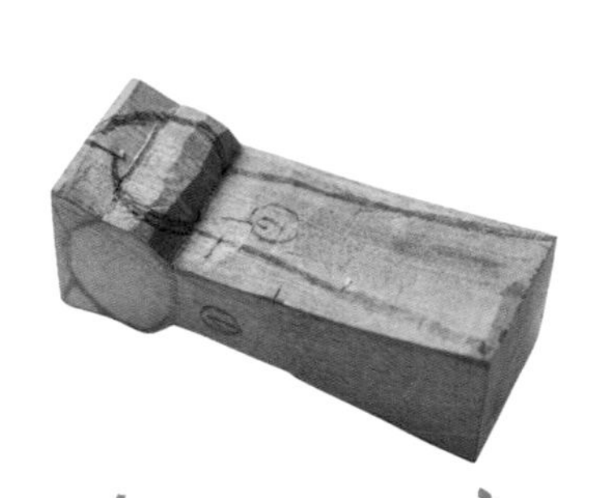

從正面看，已經將多餘部分削除完畢。接下來就是要修整頭部大致形狀。

03 雕刻刀的握法

握筆法【基本】

像握鉛筆一樣，向前施力來雕刻。遇到難以施力的狀況，也可以輕鬆進行微調整，適合用於細節等部分的雕刻。

握拳法

整個手掌握拳包住雕刻刀柄，小指距離刀刃最近。這個握法非常容易施力，適合用於由上往下雕刻的動作。

！ 為了避免受傷，不管是哪種握法，千萬要注意刀刃不要往另一隻手的方向施力。

04 順紋與逆紋

即使沿著直條木紋下刀也可能有時好刻，有時難刻。順紋比較好刻，刻面平整。逆紋下刀困難，刻面也粗糙。如果覺得是逆紋方向，可將木塊轉 180 度，從另一頭雕刻。

修整頭部與臉部的形狀

先削除正面不需要的部分，將其他處畫上水平的標記線，削除頭頂與後腦杓不需要的部分，雕刻出側面的輪廓。05耳朵的部分使用小手鋸。完成大致輪廓後，依照05的圖示，雕刻出口鼻部分突出的半球。

頭部
大致完成！

雕刻耳朵形狀

削除頭頂兩個邊角之間的部分，耳朵完成。這裡常是01所說的橫切面（堅硬部分），所以不要勉強用雕刻刀削除，建議使用小手鋸。

按照①～⑤
的順序削除

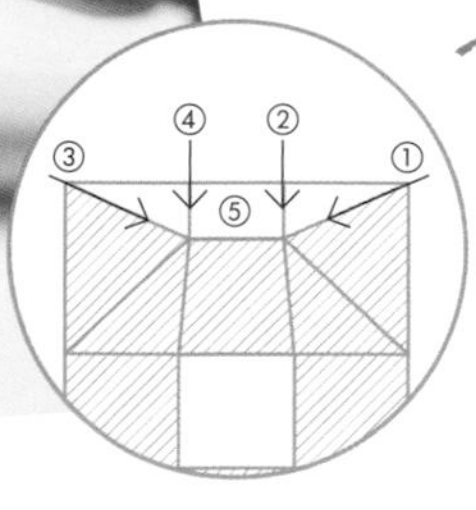

05 頭部與臉部的基本做法

從臉部正面看上去，最初是以鼻子為中心的四角椎台形狀。將這個形狀刻出更多面的稜角，成為六角椎。以口鼻為中心，削圓各角度的斜邊，修整出平滑的線條。頭型雖依動物種類不同，但基本手法都類似。

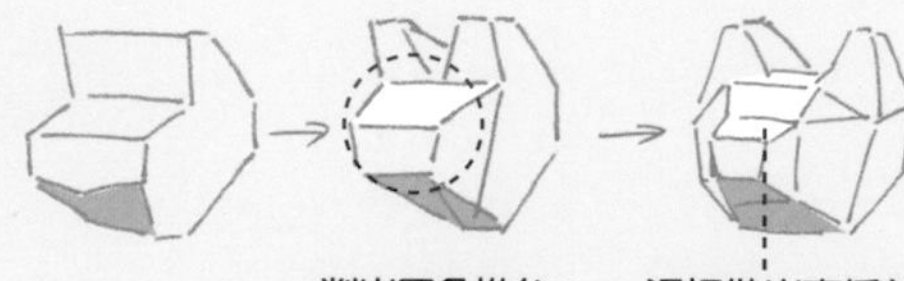

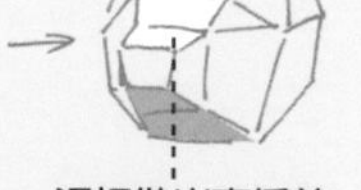

耳朵可以從前後左右各方向往尖端細雕。耳根要雕刻出來，才能和臉部區分。口鼻經過耳朵往後腦杓的連接線條也要細心雕刻。

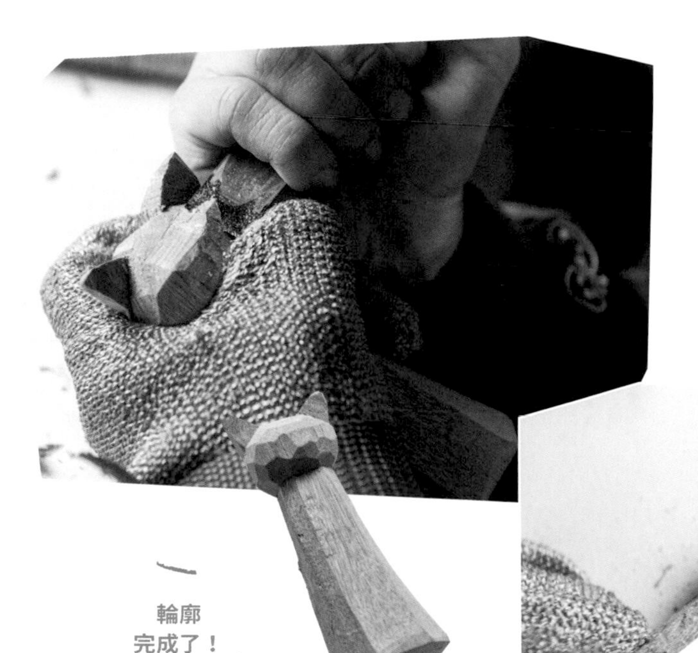

依照底稿修整形狀

修整剛完成的粗胚。著重於稜角邊線的修光，將05臉部的基本形狀修整得更漂亮。參考05的說明，將稜角邊線削圓，呈現出平滑的線條。

修整臉部，雕刻鼻、口、耳

固定好臉部中央最突出的口鼻形狀，再以口鼻為中心雕刻周圍，整體就不容易變形。以口鼻為中心，雕刻完放射狀的斜面，再做出06鼻子。鼻子刻好後雕刻鼻下的線條，然後是06嘴巴。雕刻臉部的同時，也要記得修整耳朵形狀。

貓
耳朵要刻得稍微前傾且較圓。雕刻刀稍微傾斜抵在耳朵正面雕刻，就能修整出前傾的耳朵。

狗
狗耳朵的形狀依品種特徵各有不同。柴犬不像貓耳朵那麼圓，而是直立起來。

06 鼻子與嘴巴的做法

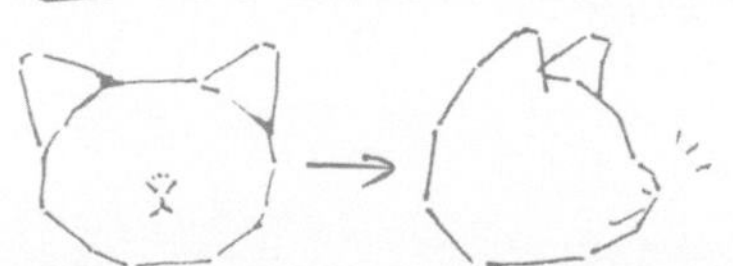

先雕刻V字型的鼻子，從左右兩邊慢慢修整。雕刻刀的前端以約30度角輕抵住，一點一點刮除。以V字型線條為中心雕刻口鼻周圍。

貓

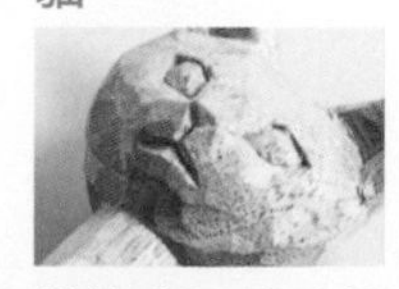

貓的嘴巴是ㄟ的形狀，不需要刻得太明顯。

狗

嘴角微笑上揚的嘴巴，就是狗會有的樣子。

不要雕刻到眼睛外面，雕刻刀只在眼球內部動作。

決定貓表情的眼睛

眼頭部分垂直下刀，刻出上眼皮。以同樣的方式做出下眼皮，以07眼球為中心往眼皮的方向挖鑿出深溝，突顯眼球的形狀。仿照鑽石的切面，雕刻出散發光芒的眼球。

用雕刻表現毛皮的質感

建議使用平口刀表現08毛皮的質感。用刀抵住木塊，邊使力邊配合木塊的線條，以Z字型左右小幅度滑動。刀刃就會在木塊上劃出任意的刀痕，呈現毛皮的細微絨面感。

07 眼睛的刻法

刻眼頭與眼尾

虛線是下刀的位置，實線是刀刃停止的位置。也可以照著線稿素描打底稿。

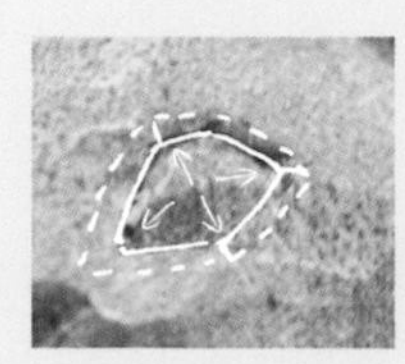

雕刻出眼眶

接著以眼球中心為最高點，由中心往眼皮下斜雕刻出溝槽。

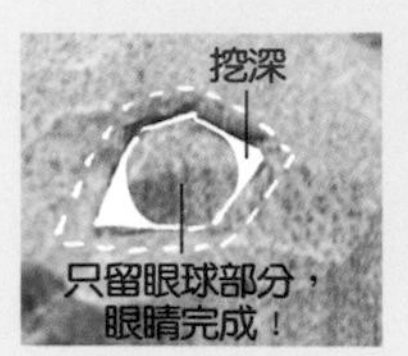

雕刻出眼球

將眼頭與眼尾的三角部分挖深，突顯「眼球」的形狀。

透過木偶雕刻熟悉雕刻刀的用法

使用木偶的身體練習雕刻。09三角刀或10圓口刀能雕出均勻的痕跡與深淺，很適合修整平面，或是雕刻圖案、直線與文字。

三角刀

參考動物模特兒上色

眼睛使用壓克力顏料11上色。壓克力顏料適用於動物全身，只要有黑、白、紅、黃、藍五種基本色，就可以任意調出各種顏色。

完成自創的木偶！

手作品看起來再醜也令人喜愛。在雕刻過程中，即使稍微刻壞了也不要在意，只要盡自己所能雕刻下去。此外，雕刻時要心無旁鶩，一定能展現動物充沛的生命力。

08 密技！Z字型雕刻！

這是橋本流表現動物毛皮的雕刻技巧。本書中，包括狗或海獺的毛皮，都會使用這個技巧。

09 使用三角刀的時機

適合用來雕刻出平均筆直的線條、規則的圖案或文字。貓咪盤子的眼睛，以及翻車魚鰭的紋路等都是使用三角刀。

10 使用圓口刀的時機

適合用來雕刻出平均的圖案，或是大面積的凹陷。挖鑿盤子中央盛裝部分時，建議用較粗的圓口刀。

11 基本上色技巧「乾刷」

上色時，顏料先不要用水稀釋，直接塗抹，水彩沾取少量即可。使用前，水彩筆一定要使用乾布吸乾水分。

讓人忍不住會心一笑的可愛餐具

貓與柴犬小湯匙

Spoons shaped of a Cat and Dog

將最愛的貓狗雕刻在手作湯匙上，用餐時幸福洋溢。
初學者操作時，可以省略細節部分。
給小寶寶使用也很適合。

必備工具

木塊（核桃木）、平口刀、圓口刀、鉛筆、小手鋸、食用漆、腰果漆（白、黑、黃、紅、透明）

核桃木：
長 13× 寬 4× 高 4（公分）

打稿

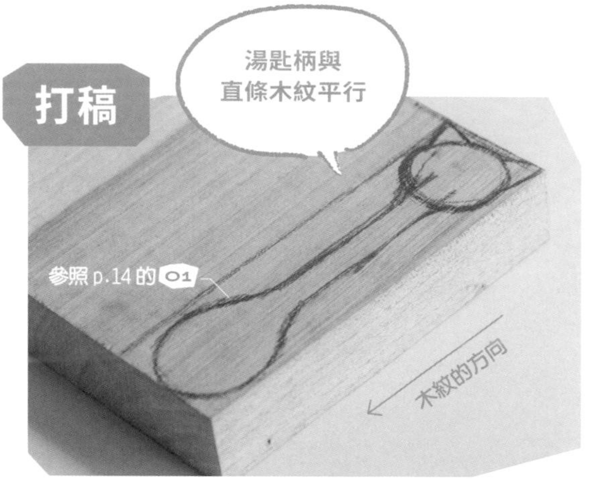

01 類似餐具這種實用物品，建議使用核桃木或櫻桃木等硬度較高的木材。用鉛筆在木塊上畫出湯匙大致的輪廓，湯匙柄與木紋方向平行。

打胚

利用木頭會沿著木紋裂開的特性挖鑿

參照p.14的02

02 削除木塊不需要的部分。先用小手鋸垂直切至草稿輪廓線的位置，做好標記之後，再用較寬的平口刀，沿著草稿輪廓線削除。

粗胚

03 有著年輪的橫切面很堅硬難刻，所以耳朵的部分要用小手鋸以斜角下刀。橫切面變小之後，比較容易雕刻。

04 正面的粗胚完成後，開始在側面打上線稿。可以參考自己喜歡的湯匙，決定湯匙柄的粗細與湯匙面的大小。

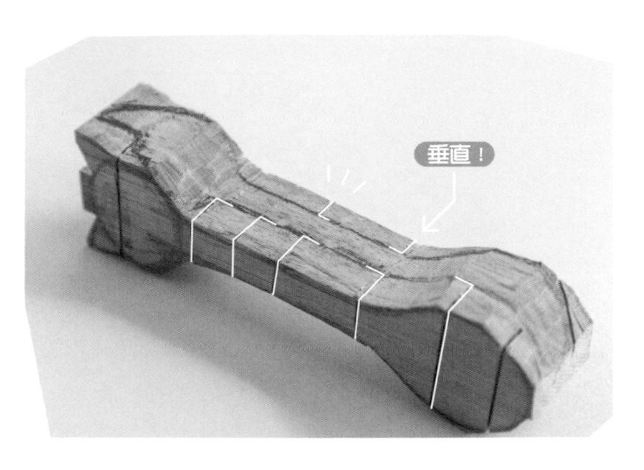

05 標記線一定要垂直下刀。為了讓正面與背面的輪廓線對得起來，在熟練之前，背面最好也打上底稿。力氣小的人可以多畫幾條標記線，挖鑿時較輕鬆。

06 口鼻與耳朵的角度很重要。削除木塊不需要的部分，從木紋斜向的角度下刀比較硬且難切割，建議使用小手鋸。

07 雕刻出杓口的粗胚。以彎曲與角度變化的部分為中心，用小手鋸切割，沿著輪廓線削除。

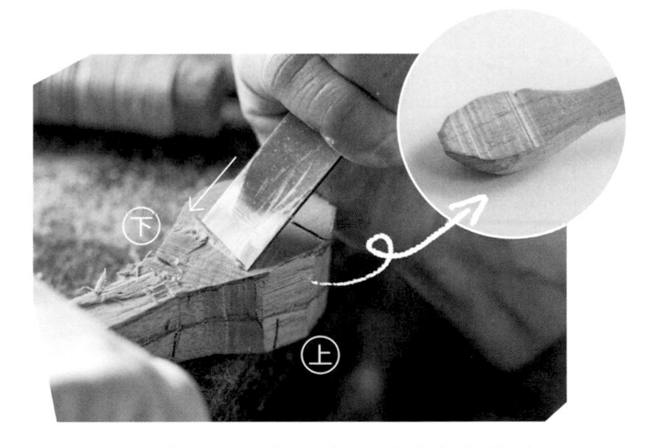

08 下方部分，俐落地削除就能加快進度。謹慎一點的話，可以使用較寬的大號雕刻刀。

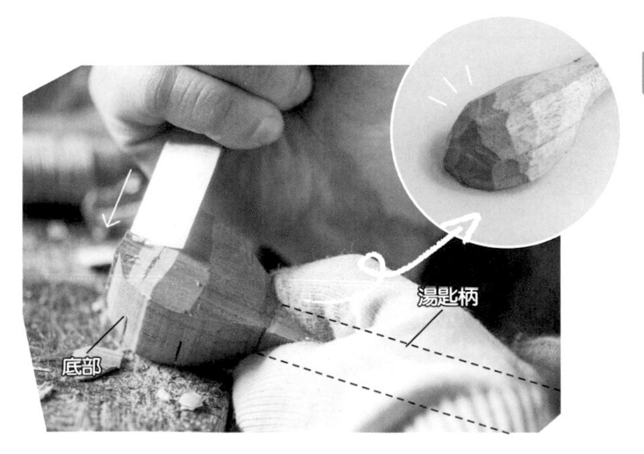

09 按照輪廓線雕刻杓底。雖然是粗胚，但仍會影響到最終成品的弧度，所以要盡量雕刻出圓弧的形狀。

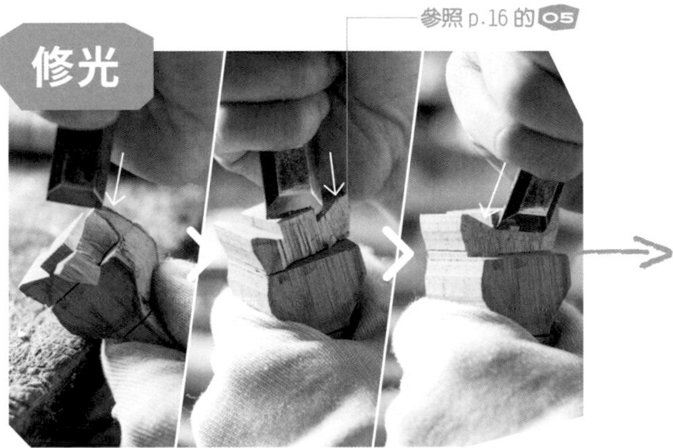

10 完成正面與側面這兩個平面的角度，接下來是雕刻斜角部分。削除兩耳間的橫切面部分，呈現出三角錐形狀的耳朵。

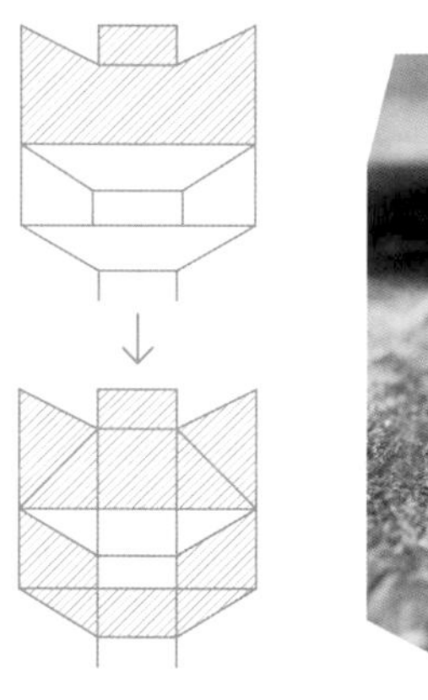

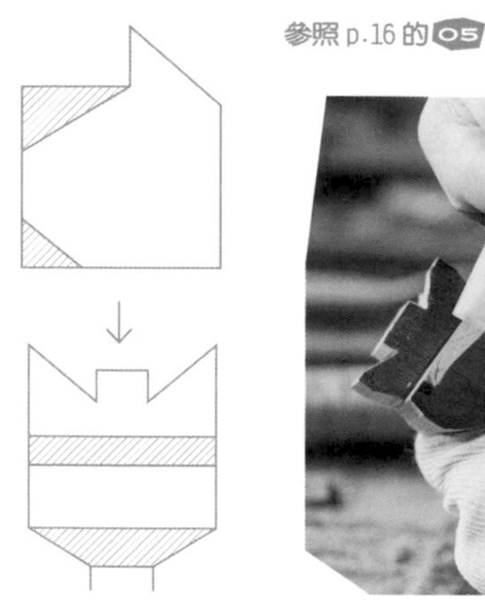

11 臉部呈現六角錐狀，從耳根到額頭一路斜向鼻子的最高點。側面也是以鼻子為最高點雕刻。

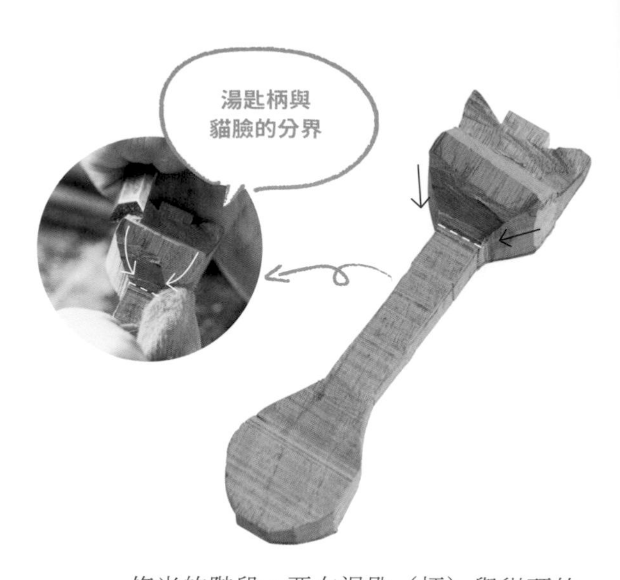

12 修光的階段，要在湯匙（柄）與貓頭的部分中間確實劃出一道界線。貓臉的鼻頭往脖子的方向下斜，也要從湯匙柄的方向進行雕刻。

13 雕刻出 3D 的輪廓，從耳朵到額頭，再加上口鼻，以各種角度雕刻出更立體的模樣。

14 兩耳之間的橫切面硬度較高，可改用小手鋸。橫切面面積太大很難一次削成，雕刻還在進行的階段可以先不處理。

15 湯匙部分若採用實際的動物頭型，難免過大不均衡，所以後腦杓削得較平也沒關係。雕刻出自然的曲面即可。

16 貓耳呈現三角錐的形狀，從正面、側面、後面、上面等各個角度雕刻，削出平滑的線條。盡量刻出貓耳尖尖的形狀。

17 耳朵的內部與外側也要注意。貓的耳尖通常是往前傾，仔細觀察傾斜角度，雕刻出銳利形狀的貓耳。

18 後腦杓部分，從底部挖鑿出與湯匙柄之間的界線。

19 杓底的部分，使用較寬的大號平口刀快速修光，一直削到適合放入口中的厚度。

20 杓口要刻得微微傾斜，整體越薄越好。此外，與湯匙柄連接的部分，角度盡量不要太大。

21

和喜歡的湯匙比較看看，檢查並調整角度與斜度。湯匙柄太細的話容易折斷！

22 盛裝食物的杓口內部，改用圓口刀挖鑿。使用最適合圓弧挖鑿的雕刻刀製作餐具，即使是初學者也能輕鬆刻出自然的曲線。

23 邊緣等部分的細節，可用平口刀刀刃的正面仔細去雕刻。用指尖觸摸，確認是否還有未削除的木刺。

細胚

24 進一步雕刻臉部輪廓，讓線條明確起來。尤其是口鼻的部分一定要突出。

25 從鼻子到額頭，用平口刀由近而遠雕刻出貓銳利的臉部輪廓。耳根也要仔細觀察後再雕刻。

26 現在可以和動物模特兒進行比對，確認無誤後開始雕刻鼻子。斜向下刀，切割出 V 字型。

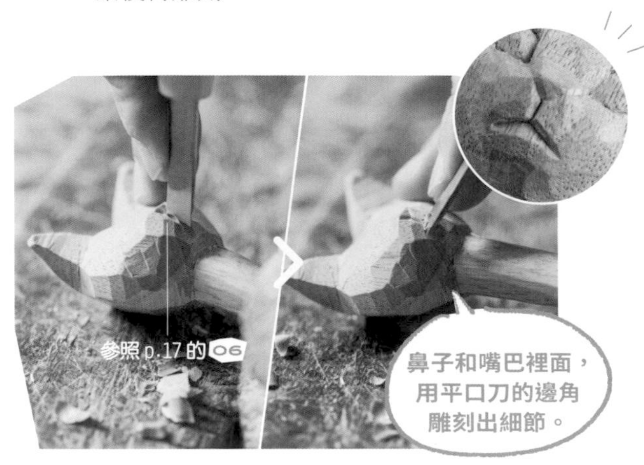

27 V 字型下方雕刻出縱向直線，嘴巴是與鼻子相反的へ（倒 V）形狀。用刀刃以水平方向在へ字型下方切割出橫線，做出三角形嘴巴，將三角形中間處削薄。

28 眼睛雕刻在耳朵中心與鼻子連起來的線上，比較對稱。如果怕失誤，可以再打個底稿。眼頭與眼尾要雕刻出 V 字型。

29 眼睛的輪廓決定後，再雕刻眼睛周圍，讓眼睛突顯。一邊雕刻細節，一邊微調使整體平衡，不斷重複這個步驟。

30 像要連結眼尾與眼頭，雕刻出眼皮的線條。眼睛下方也雕刻出同樣的線條。按照眼睛的輪廓，在內側雕刻，讓眼球突顯。

31 貓耳的特徵是微微前傾。耳朵內部確實切割出三角形狀，削除中間的部分更能強調前傾。

上色

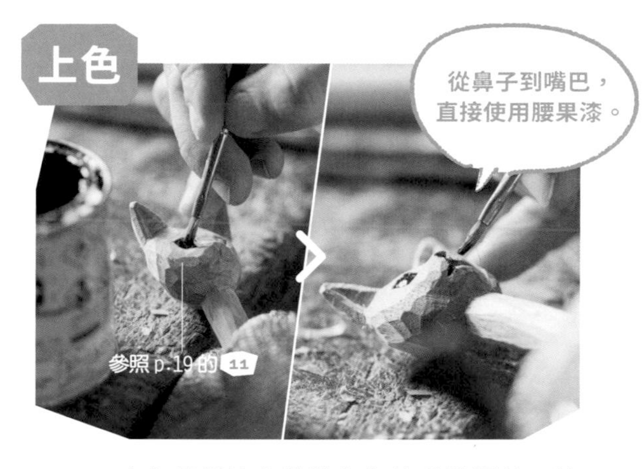

32 上色是從決定整體印象的眼睛開始，這就是「橋本式」上色法。塗上黑色的腰果漆，讓眼神閃閃發光。

33 黑色腰果漆的眼珠，疊擦上黃色腰果漆。趁著漆還沒乾，與底下的黑色混合，製作出微妙的自然混濁感。

翻至
p.29

34 一邊觀察動物模特兒，一邊描繪上色，順序是先深色再淺色。

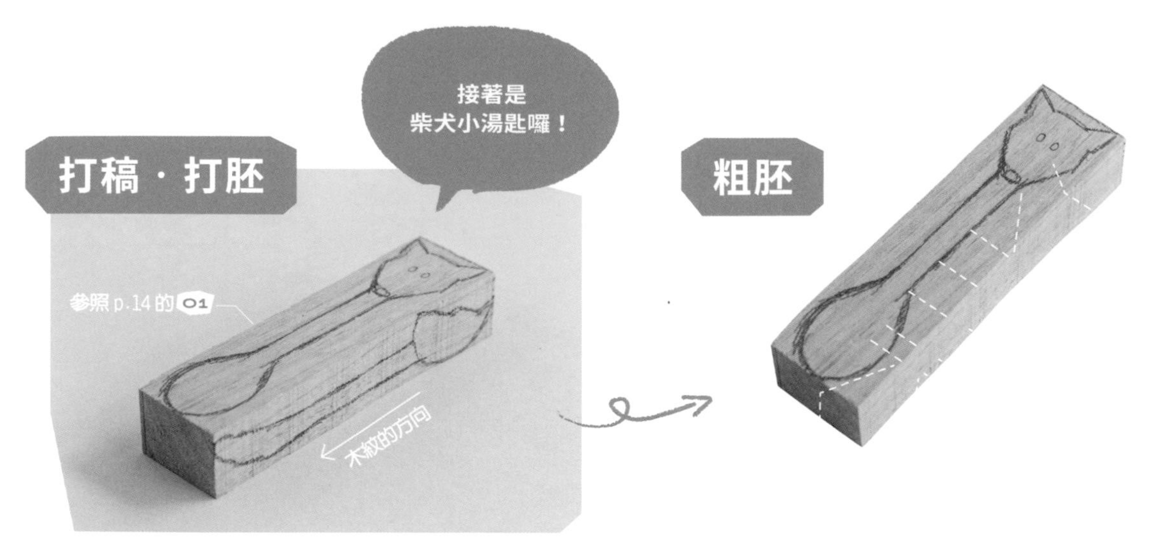

01 湯匙柄與木紋方向平行，直接在木塊上畫出湯匙輪廓。正面與側面都要打上底稿。

02 同 p.20 的 02，畫上標記線後，削除不需要的部分。標記線要垂直於底稿的輪廓線。

修光

03 仔細觀察動物模特兒的輪廓。突顯柴犬的鼻子，雕刻出周圍細節。眼睛位置往耳根的額頭斜面佔較長的比例。

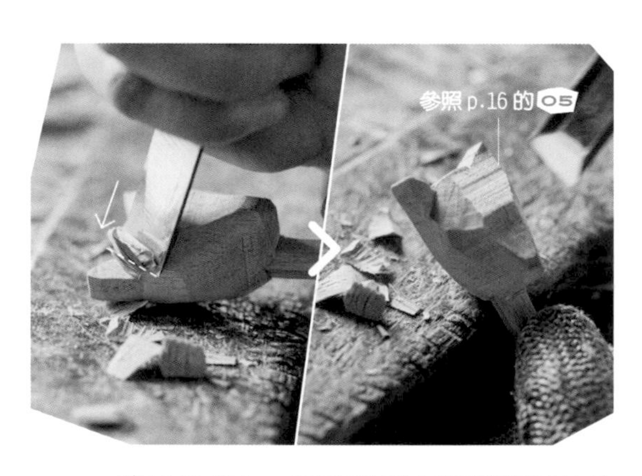

04 讓耳朵豎立，明確雕刻出臉部與耳朵的界線。在眼睛周圍靠近耳根的部分雕刻出一道斜線。

05 此外，也要從耳尖往耳根方向修整。柴犬的耳朵不像貓耳微微前傾，而是偏垂直豎立，形狀與角度很重要。

06 柴犬的後腦杓弧度沒有貓那麼圓，可以大膽地將稜線削至平滑。後腦杓的稜線也會影響到整體感覺。

07 為了展現威風的耳朵，必須雕刻出剛硬深刻的線條。耳朵與臉部的界線不可過於圓滑。

08 雕刻過程中可能會太著重於某個細節，因此要從多角度檢視輪廓，確認掌握了動物的特徵。

09 參考貓湯匙的步驟，進行湯匙柄與杓口的雕刻。最重要的是，狗的臉部與湯匙柄之間要確實劃分出界線。

10 雖然從哪個地方開始修整都可以，但建議從狗最重要、最突出的鼻子部分開始細修。

11 狗的鼻子有點像突出的蘑菇。不同於鼻子不明顯的貓，狗鼻子的雕刻訣竅在於讓鼻孔突顯出來。

12 狗擁有上揚的嘴角。先雕刻出水平的橫線，左右兩端的嘴角再雕刻出往上斜的線條。

13 檢查正面、側面和由下往上看的角度。雕刻時刀刃角度稍微傾斜，能雕刻出較粗的線條，讓鼻子到嘴巴更鮮明。

14 在耳根與鼻頭的連結線上，雕刻出兩眼。先雕刻出倒 V 字型，再用刀刃在下方水平地切割出橫線。

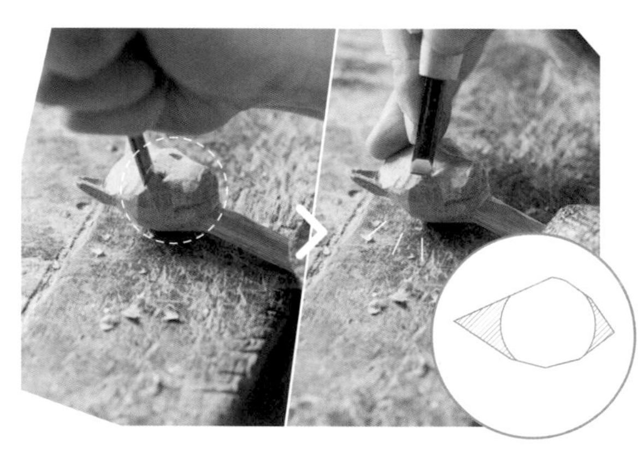

15 繼續在眼眶輪廓線中雕刻細節，突顯眼球。眼角要稍微下垂，強調柴犬的惹人憐愛。

16 雕刻眼睛的細節。並非從眼睛的輪廓線往內朝著眼球中央，而是從眼睛內部往外朝著眼睛的輪廓線雕刻。

上色

17 臉頰較豐潤，鼻頭到嘴巴與下顎的線條則較銳利，稍微調整使整體與細節平衡，完成逼真的柴犬。

18 用透明腰果漆將眼睛塗滿，呈現出溫柔的眼神。也可依自家柴犬的瞳色，使用其他淡透明色。

19 若是茶色柴犬，整體用透明色塗滿，眼睛部分也要打底。此處同樣使用乾刷法。上色不用太均勻，可突顯紋理。

20 眼睛、鼻子、嘴巴用黑色腰果漆上色。狗和貓不同，黑色眼珠要大，透明底色只要留一點點。

21 接下來要畫出狗的臉部特徵，也就是淡色的眉毛，狗臉的下半部也同樣用白色腰果漆上色。淡色眉毛的部分，要畫出輕飄飄又毛茸茸的柔軟感覺。

22 餐具是實用品，可上色兩次以免褪色。先晾乾一夜，隔天再上一層顏料，較不易斑駁。

23 上完第二層顏料後，使用沾有少許食用漆（天然成分的油脂）的布，擦拭湯匙柄與杓口，塗布處理。

24

完成！不管是想要在下午茶時自己使用，當作慶祝嬰兒出生的禮物也很棒！

雕刻出
各式各樣的貓與狗！

Let's make various shapes of cats and dogs!

湯匙有著各式各樣的變化與應用。
貓只要改變花色，很容易就能製作出「自家愛貓」！
狗的模樣則各有不同，可以仔細觀察後嘗試製作。
將右邊的頁面影印下來，當做型紙使用吧！

貓 Shape of a Cat

如果是短毛貓，可以使用p.20～25的製作方式。仔細觀察後上色，就能做出自家愛貓的湯匙。長毛貓則可以參考左圖的型紙，雕刻時的重點在於呈現貓毛。

狗 Shape of Dogs

狗的特徵在於口鼻部與耳朵形狀、眼睛的位置。只要表現出這些重點，就能雕刻出與動物模特兒相似的形貌。可參考提供的型紙，雕刻出臉部的凹凸線條。

臘腸犬

下垂的長耳朵是最大的特徵！

拉布拉多犬

雕刻時要強調大大的口鼻與閃閃發光的眼睛！

巴哥犬

鼻子周圍的皺紋，是不是覺得看起來和法國鬥牛犬有點像？

法國鬥牛犬

重點在於豎立的耳朵，還有鼻子周圍的皺紋！

柯基犬

和柴犬有點像！要強調那對豎立的大耳朵。

豎起的尖耳好可愛，獨特的貓型木製盤子。

貓咪盤子

Plate of a Cat

這是以貓為主題的可愛盤子，
深度剛好，可以盛裝甜點或料理，
或者當成家居裝飾陳列。
此外，雕刻刀初學者也能上手喔！

必備工具

木塊（核桃木）、平口刀、圓口刀、三角刀、鉛筆、小手鋸、平頭筆、勾線筆、腰果漆（白、黑、黃、透明）、食用漆、布

核桃木：
長 10× 寬 13× 高 1.6（公分）

打稿．打胚

參照 p.14 的 01

木紋的方向

01 畫出盤子的輪廓。拉出標記線，以便削除不需要的斜線部分。

02 用小手鋸或雕刻刀，沿著標記線削除不需要的部分。

粗胚

03 削除不需要的部分後修整大致輪廓。和湯匙一樣，先將底部邊線修成弧面。

04 兩耳之間的橫切面硬度較高，可用圓口刀慢慢雕刻。若用平口刀勉強雕刻堅硬的部分，刀刃可能會缺口。

 難度 ★★★★

05 木塊正面畫上貓臉的底稿。大嘴張開呈現的橢圓形，是盛裝食物的盤口，再加上虎牙。

06 用平口刀在盤口中間，從邊緣往中央挖鑿出盛裝食物的位置，下挖的弧度要平緩，虎牙先忽略。

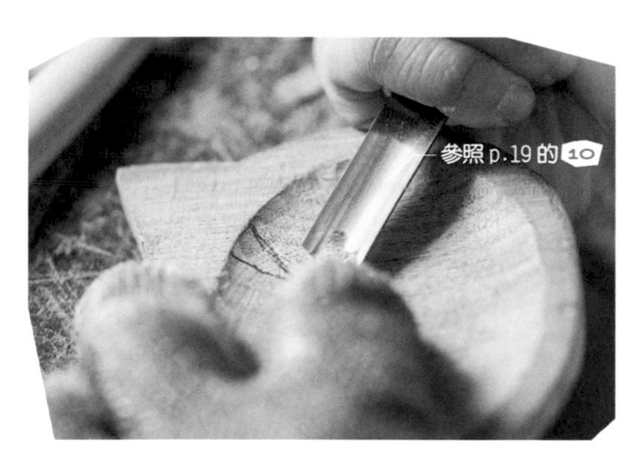

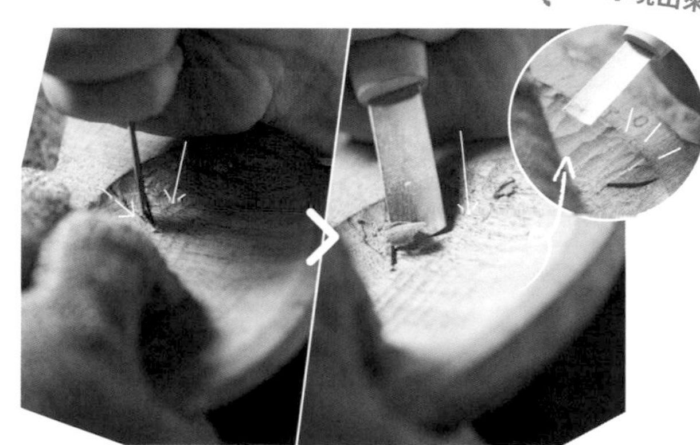

07 大嘴的輪廓線用圓口刀，從邊緣朝著中央挖鑿出平緩的坡度，再用平口刀將粗糙的木刺整平。

08 再次將虎牙的輪廓線描繪清楚，用平口刀切割出溝槽。把虎牙以外的周圍挖深一點，讓虎牙更清楚。

09

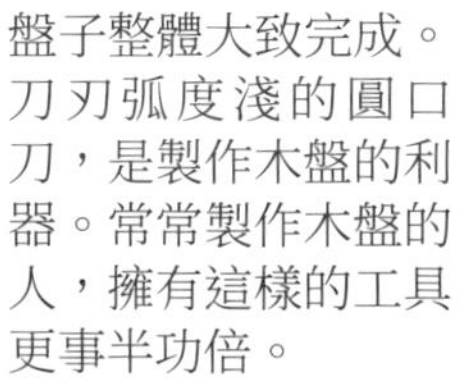

盤子整體大致完成。刀刃弧度淺的圓口刀，是製作木盤的利器。常常製作木盤的人，擁有這樣的工具更事半功倍。

修光

10

把耳朵削得更立體，盤子更有貓咪的模樣，輪廓更明顯。若逆紋卡住刀刃，將木盤平轉 180 度，從另一頭下刀。

11 正面形狀修整完畢後，用較寬的平口刀將底部修整平滑。所有邊角都要削圓，這樣盤子即使掉落地面也有緩衝。

12 也可用刨刀削圓大面積的底部。較寬的平口刀可代替刨刀。修整出沒有凹凸的平滑表面。

細胚

13 用三角刀的尖角雕刻圓眼的輪廓。這種刀用於刻劃一定深度或變形的線條時，但雕刻好的線條過於整齊，建議不要太常使用。

14 和眼睛一樣，用三角刀將鼻子的線條雕刻成一個三角形，從鼻子到嘴巴邊緣再刻劃一道直線，貓臉完成了！

上色

15 用粗水彩筆將盤口以外的部分塗滿白色腰果漆。以乾刷方式速速上色。腰果漆是合成漆，盛裝食物的部分最好不要使用。

16 眼睛、鼻子和鼻下的直線都以黑色腰果漆上色。為避免畫出界線，可以使用細的勾線筆。

17 觀察自己愛貓的模樣，按照喜好上色，然後放置一天晾乾。

18 隔天再重新上色一次。貓咪的大嘴（盤口部分）使用食用漆塗布處理，增強耐用度。大功告成囉！

在空中自由飛翔的姿態

燕子胸針

Brooch of a Swallow

傳遞春天到來訊息的燕子，
纖長的翅膀、銳利的尾羽，飛翔姿態自由自在的胸針，
輕巧地點綴在服裝打扮上。
熟悉木雕之後，一定要挑戰看看的作品。

櫻桃木：
長 6× 寬 6× 高 1.5（公分）

必備工具
木塊（櫻桃木）、平口刀、圓口刀、三角刀、鉛筆、小手鋸、平頭筆、勾線筆、壓克力顏料（黑、白、藍、紅、黃）、腰果漆（黑、透明）、胸針用金屬零件、錐子、螺絲起子

打稿・打胚

01 在木塊上畫出燕子的輪廓。翅膀和尾羽的尖端很容易折斷，所以要和直條木紋的方向平行。

粗胚

02 沿著輔助線削除不需要的部分。遇到弧度或曲線，先用小手鋸做出標記，再用較窄的小號雕刻刀削除。

修光

03 之後要雕刻鳥喙，所以在頭部前端上下方各削掉一個斜角。

04 接著使用雕刻刀刻劃出上方翅膀與鳥腹的界線。

05 劃分界線後，每個部位的邊角再稍微削圓。要讓腹部呈現圓潤，就得將界線再削得深一點。

06 把尾羽削得更銳利，看起來更像燕子。從身體往尾羽尖端的方向盡可能多削幾次。

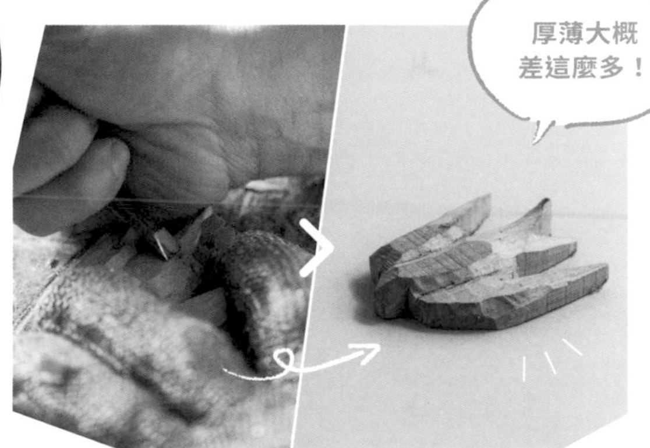

07 下方翅膀要與鳥腹劃分界線。刀抵在界線的上下方，將界線刻得更粗深。與上方翅膀相較，下方翅膀離得較遠。下方翅膀削得較薄，可呈現遠近感。

08 上方翅膀距離近所以要比較厚，下方翅膀距離遠就要比較薄。雕刻出厚薄的差別，能明確地呈現出立體感。

09 平口刀垂直下刀，直接切割出鳥喙與鳥臉的界線。鳥喙部分削薄，呈現出立體感。側面也要檢查。

10 遠近距離的層次要雕刻出來，離得越遠就削得越薄。最遠的部分大概會變成原本木塊厚度的一半。

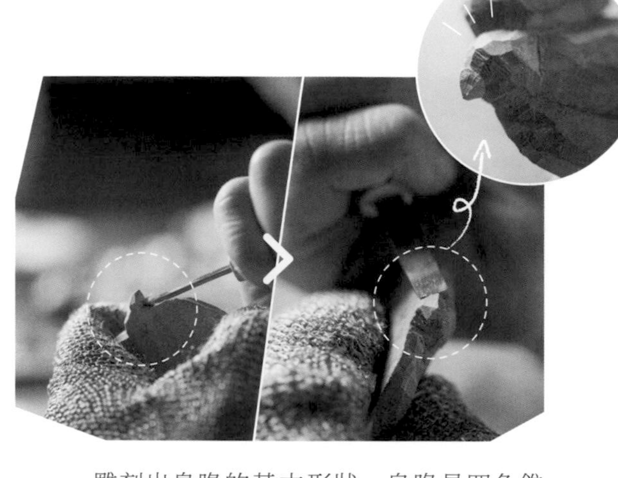

11 雕刻出鳥喙的基本形狀。鳥喙是四角錐體（非三角形）。雕刻時要從正面、側面，甚至背面反覆查看再雕刻。側面和背面一定要檢查。

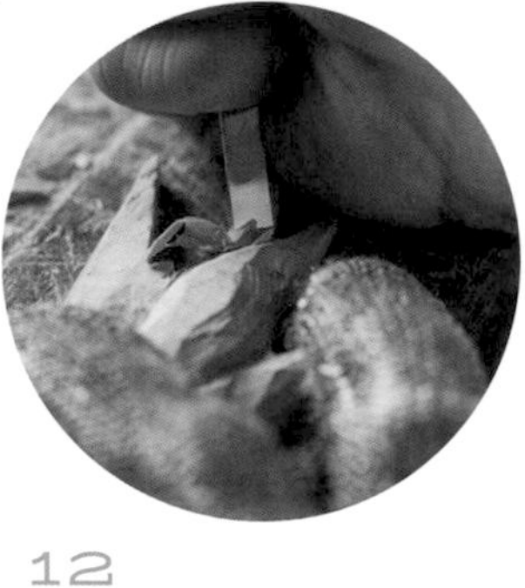

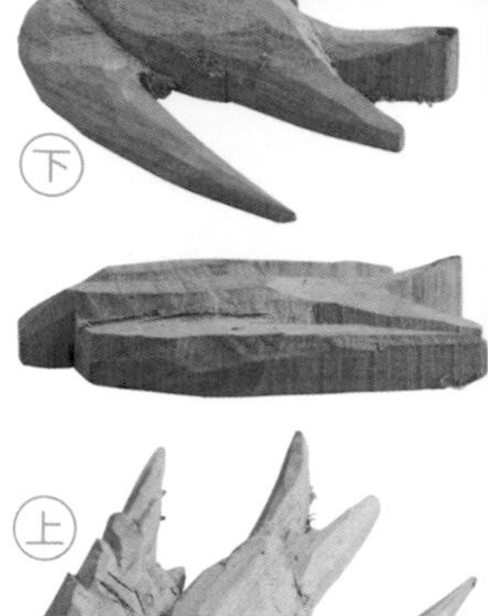

12

距離較遠的尾羽要削得更薄。

13 翅膀在肩頭比較圓潤，越往尖端就越銳利。上方翅膀順著羽毛走向，只有肩頭留白，以下到尖端全部刻滿。

14 輕柔披覆在翅膀上的羽毛，靠近肩頭的部分是刀刃打橫雕刻，越往下來到尖端，線條的走向有所不同。羽毛在各部位走向都會不同。

15 翅膀各部分羽毛依照不同的走向雕刻，呈現出燕子鮮活的動作。

16

從不同方向檢視，確認該厚的地方與該薄的地方都沒有雕刻錯誤。

17 與上方翅膀相同，下方翅膀的羽毛走向，也要記得雕刻出遠近感。最細的部分要往尖端延伸，以輕快的手法雕刻出來。

18 尾羽也要修整細節。尾羽尖端的背面，同樣用平口刀沿著木紋雕刻。雕刻刀一定要順著羽毛的走向下刀。

細胚

19 臉部從側面看，順著鳥喙這個橫放的四角椎體往尖端雕刻。挖鑿鳥喙的根部周圍，讓鳥喙立體。

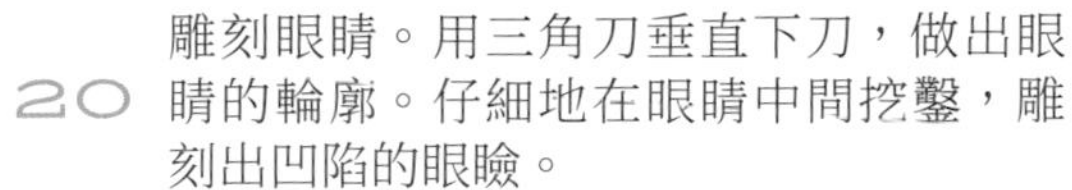
參照 p.18 的 07

20 雕刻眼睛。用三角刀垂直下刀，做出眼睛的輪廓。仔細地在眼睛中間挖鑿，雕刻出凹陷的眼瞼。

21 細節部分，使用較窄的小號平口刀或前端較尖銳的雕刻刀，用刀刃的邊角雕刻。眼瞼內側挖深一點，讓眼球更立體。

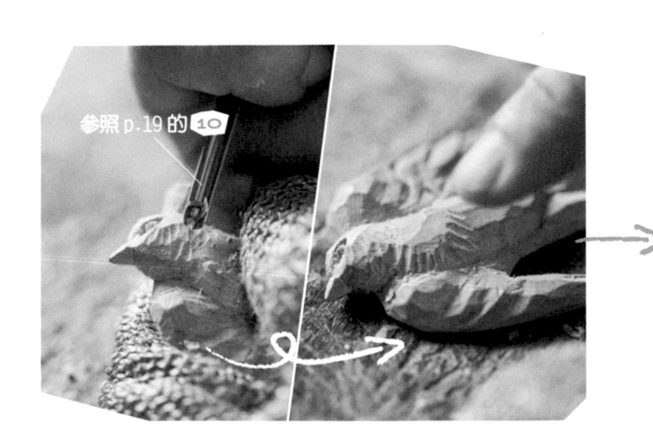
參照 p.19 的 10

22 用圓口刀在臉部下方、腹部和胸部等處劃出刻痕。圓口刀雖然方便，可做出柔軟羽毛的感覺，但過度使用會變得太整齊。

23 想要呈現羽毛的感覺或各種表情變化時，可用較窄的平口刀邊角，或是三角刀雕刻出細節。

24 羽毛的雕刻可以依照自己喜好的氛圍創作。多嘗試不同方法，如果覺得太過了，也可以削掉重來。

25 飛翔時縮起來的腳可以雕刻在腹部。剛開始不需在意腳的位置，雕刻身體的過程中視情況雕刻出來即可。

上色

26

眼睛使用透明腰果漆打底，再用黑色腰果漆點上黑眼珠。

27 其他部分用紅、藍、黃、黑、白五色的壓克力顏料調配上色。羽毛是稍微帶藍的黑色。

28 鳥嘴的周圍塗上紅色。畫完羽毛的水彩筆不要洗，沾上紅色顏料，調出自然的色感。最後在腹部與翅膀內側塗上白色。不要讓水彩筆變得太黏。

29

訣竅在於不要反覆上太多層。眼睛周圍可以描邊加強。

加工

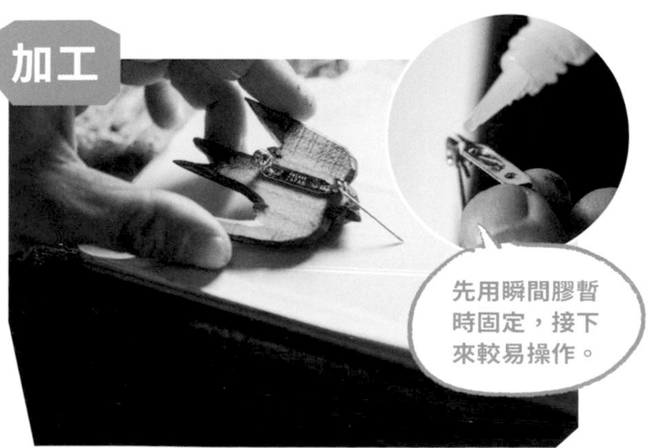

30 決定別針零件的位置，從正面不可看到別針突出。慣用右手的人，開口在左側較順手。

31 使用螺絲起子，在別針零件固定用的開孔鎖上螺絲。先用錐子或鑽子開出小洞，再用螺絲起子。大功告成囉！

在草原上跳躍！可愛的浮雕也可以當成禮物。

兔子浮雕

Relief of a Rabbit

彷彿要從木頭裡跳出來的兔子浮雕！
可以雕刻出自己喜歡的季節花草、景色，
或寫上自己喜歡的字句也很棒。

必備工具
木塊（楠木）、平口刀、圓口刀、三角刀、鉛筆、平頭筆、勾線筆、壓克力顏料（黑、白、紅、黃）、腰果漆（黑、透明）

楠木：
長 11× 寬 11× 高 5（公分）

打稿

與直條木紋平行！

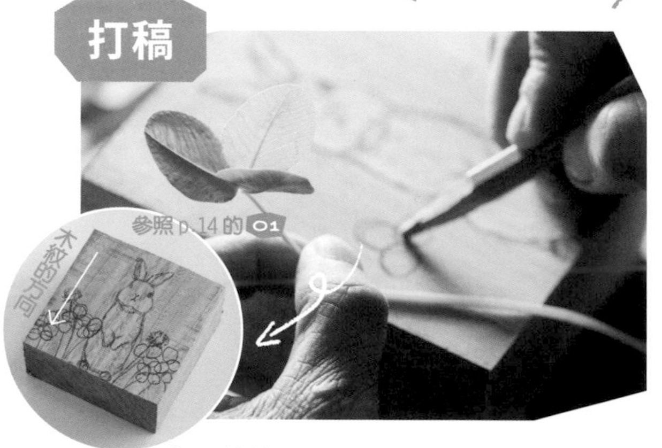

01 背景的植物可以到原野中散步時摘取，一邊觀察一邊描繪。

打胚

02 通常是從最突出的主角開始雕刻。沿著兔子的輪廓線，使用平口刀垂直下刀，切割出形狀。

03 兔子輪廓外的部分用較寬的圓口刀挖鑿，讓背景的厚度低於兔子。也可以用鑿刀和木槌加快速度。不必在意背景的底稿，全部挖乾淨。

04 木雕的底稿只要下刀雕刻就會被破壞。要重畫幾次都可以，不重畫直接雕刻也無妨。

 難度 ★★★★

05 輪廓外的部分，挖鑿到大約與兔子本體厚度相差 1 公分的程度。非慣用手記得要握持好木塊，以免滑動。

06 耳朵的部分稍微削薄，臉部能最突出。仔細觀察兔子模特兒的照片雕刻。從中間往耳朵尖端下斜削薄。

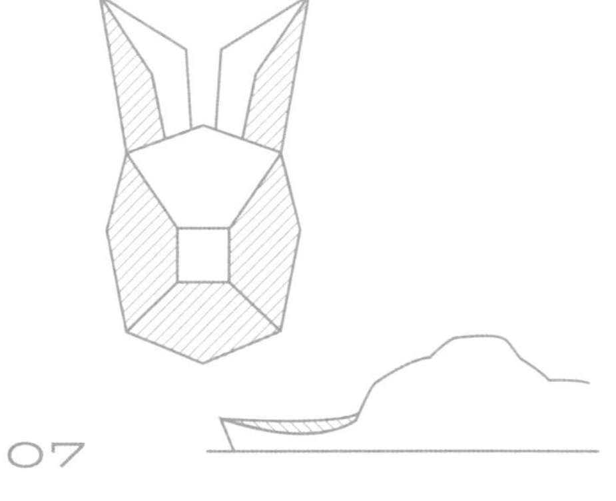

07 鼻子也要突出，所以從鼻頭往耳根同樣是下斜的角度。

08 從鼻頭到下顎，往臉部與脖子交接處，雕刻出下斜的角度。臉部與脖子要確實雕刻出界線。

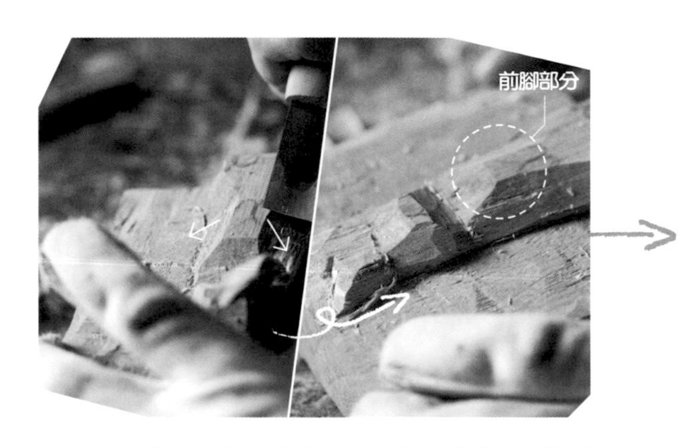

09 整個身體中前腳最為突出，所以要將周圍削薄。兔子到背景之間要自然下斜，所以要在前腳側面、臉部側面等部分削出斜角。

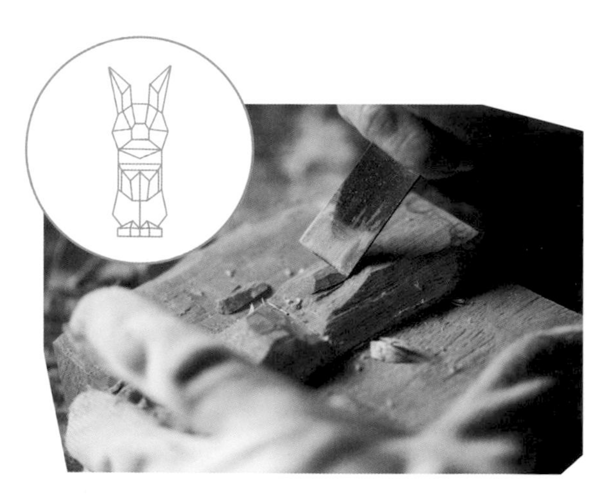

10 牢記前腳最為突出，在初步階段就雕刻好前腳側面與兩隻前腳中間等部分。雕刻出深度的層次，產生立體感。

11 與前腳相同，後腳也屬於最突出的部分，在前腳與後腳中間雕刻區分。從側面檢查時，要能看到前腳浮現的輪廓。

12 雕刻出後腳的輪廓。兔子的後腳力氣很大，要仔細觀察照片或實體，雕刻出強而有力的後腳。

13 左右兩邊的後腳刻劃出深深的縫隙，讓後腳的輪廓清晰。沿著底稿的輪廓線，用較寬的平口刀用力切下，將後腳內側的界線挖鑿出來。

14

只要注意哪裡應該突出，哪裡應該凹陷，就能讓整隻兔子立體起來。

粗胚

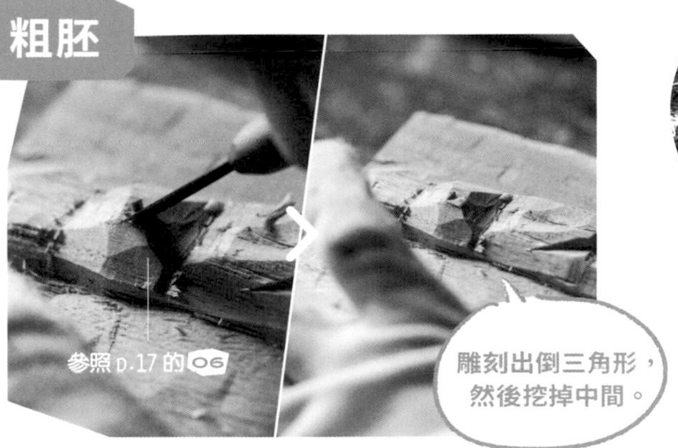

15 最突出部分的高度之後無法改變，所以一開始就要決定好形狀與大小，當成基準。以兔子來說，就是鼻子的部分。

16 動物的下顎線條很重要。往脖子的地方下斜，確實挖鑿脖子周圍的部分，刻出下顎。鼻頭往下切劃出垂直線，直線的另一頭刻上嘴巴。

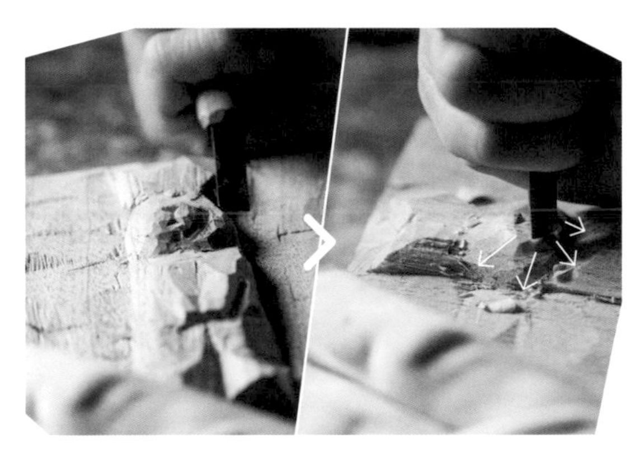

17 從鼻尖往周圍再削掉一圈，讓鼻頭更明顯。臉頰部分雕刻出層次，就能產生有魅力的豐潤效果。

18 從豐潤的臉頰側面往耳根的部分，修整出一個自然的角度當成眼睛的位置。臉部輪廓與耳根的界線也可以再細修。

19 進一步修整前腳。要確實觀察，才知道關節的哪一處會往哪個方向彎曲。

修光

20 進一步修整耳朵周圍，固定好輪廓。耳朵的側面與兩耳中間用平口刀雕刻。

21 蹦蹦跳跳的兔子後腳非常發達。不只是可愛，更呈現出扎實的生命力。

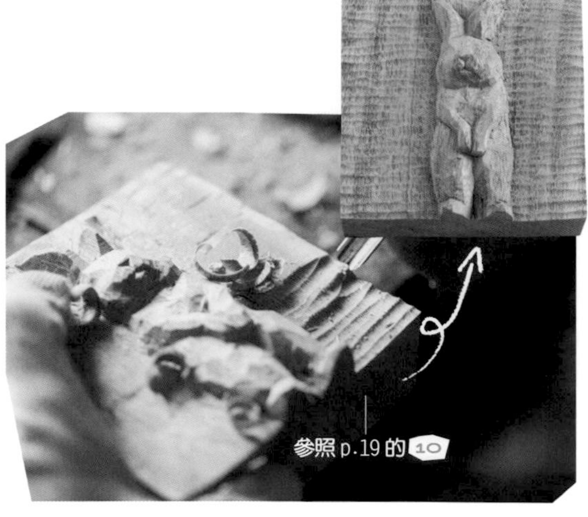

22 開始雕刻酢漿草之前，背景部分要再削掉一層，進行整理。用較寬的圓口刀，以垂直於直條木紋的方向確實挖鑿。

23 重新描繪酢漿草、瓢蟲等草原的背景。若使用型紙，之前不用先打背景的底稿，這時再描繪即可。

24 削除酢漿草輪廓外的部分，讓植物變得立體。前面的葉子厚一點，後面隱藏起來的葉子薄一點，按前後遠近位置雕刻。

25 草莖部分使用三角刀刻劃線條。葉子用平口刀，花朵與草莖用三角刀，可以先嘗試雕刻植物的浮雕做為練習。

26 花朵用三角刀一瓣一瓣雕刻。浮雕中加上植物，呈現出雕刻時的季節感，讓人體會更深。

27

浮雕的上半部留有之前圓口刀雕刻的痕跡，宛如空中飄著的軟綿白雲。塗上不同顏色，可以創造出藍天白雲或是火紅黃昏等景致。

28 為了讓酢漿草的部分更加立體，上半部的留白要再削掉一層。這時也是使用圓口刀，垂直於直條木紋的方向挖鑿。

細胚

29 兔子是草食性動物，眼睛長在側面。刻劃好輪廓之後，從眼睛內側往眼眶的方向雕刻，讓眼球突顯出來。

30 耳朵從上方與下方往中間線雕刻，挖鑿出兔子的耳窩。讓左右兩邊的耳朵稍微有點不同，更能活靈活現。

31 接著雕刻像是毛茸茸的身體等細節。仔細觀察前腳掌關節彎曲的樣子進行雕刻。

32 使用較窄的小號平口刀，雕刻腳掌爪子的部分。觀察兔子站立時，從正面的角度應該會看到幾根爪子。

33 接下來與前腳一樣，後腳的腳掌也雕刻出爪子。

細胚

34 先用透明腰果漆打底，再疊上黑色，呈現出眼珠的光澤。眼珠上色後會散發出生命感，因此建議一開始就先從眼珠上色。

35

深色毛皮的兔子，眼睛周圍通常會有一圈白色。後腳等毛茸茸感覺的地方，換用大號水彩筆，以壓克力顏料大面積上色。

36 上好色的眼珠周圍、前腳的爪子、口鼻等部位都塗上白色。疊擦的話較沒有質感，所以要塗上其他顏色的部分先留白。

37 背景的花草塗上顏色。酢漿草整體先塗滿，加上白邊。植物的部分若很難上色的話，可以稍微稀釋再上色。

38

花朵的部分塗上白色。稍微出界也沒有關係，先掌握整體印象，大膽地上色。一邊注意平衡感，一邊調整細節與濃淡。

39 紅色的瓢蟲是整體畫面的重點。不要單用紅色顏料，稍微混合剛剛使用過的其他色來調色，創造出能與自然界相呼應的紅色。

40 天空與土地，可以依照自己想要創造出的世界上色。這次的背景不用顏料，而是只塗上食用漆，重點在兔子身上。 大功告成囉！

簡直就是水族館！搖晃擺動的海洋生物。

海洋生物平衡吊飾

Mobile of Sea Animals

迎風搖曳的海洋生物讓人感到療癒！
可以使用剩料製作，
從入門的海星到高階的海獺，
很適合做為雕刻進階的練習。

必備工具

木塊（楠木）、平口刀、圓口刀、三角刀、鉛筆、小手鋸、平頭筆、勾線筆、壓克力顏料（黑、白、藍、紅、黃）、腰果漆（黑、透明）、鉗子、鐵絲、繩子、吊飾掛件

楠木：
海星　長 3.5× 寬 3.5× 高 1（公分）
翻車魚　長 9× 寬 6× 高 2（公分）
海獺　長 2.5× 寬 7× 高 3（公分）

打稿・打胚

首先從**海星**開始！

01

將各式海星的形狀描繪在木塊上，用小手鋸沿線切割。簡單的主題，非常推薦親子同樂。

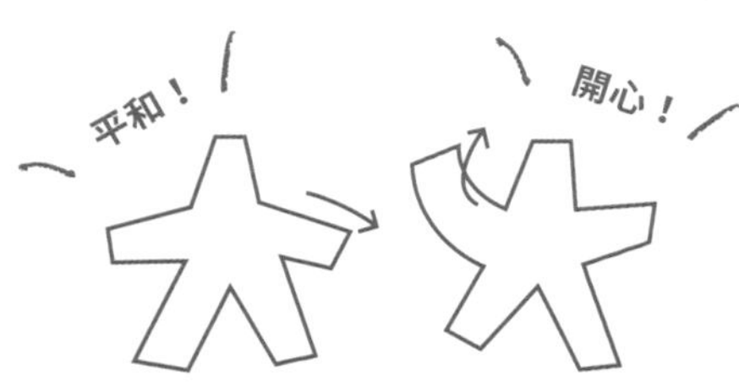

粗胚

02 因為要雕刻的是生物，形狀不用太整齊對稱，而是要雕刻出觸手末端的動作。先在末端下一刀，將木塊倒轉過來，從中心往末端挖鑿。

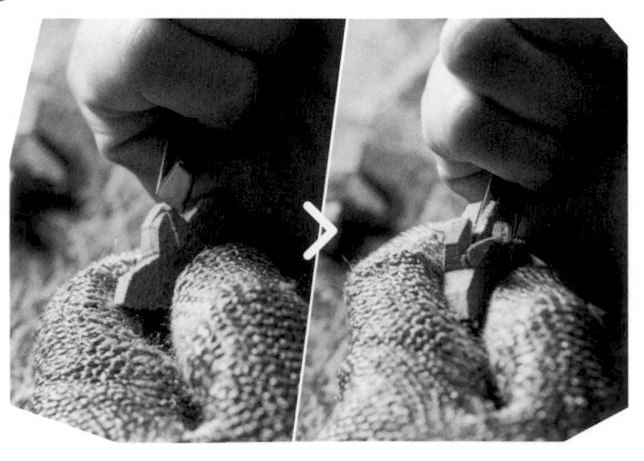

03 雕刻 5 隻觸手時，從末端往中心雕刻好的觸手比較活靈活現，從中心往末端雕刻出來的觸手則會讓人感覺安穩祥和。

　難度 ★★★★

04 平衡吊飾從哪個角度觀看都可以，所以背面也不能馬虎。海星的背面要像楓葉形狀，分別在 5 隻觸手上雕刻出脈紋。

修光

05 五隻海星的粗胚完成後修圓側面，讓正面與背面融為一體。背面挖鑿出深度，呈現出靈活的感覺。

06 從正面看觸手往上翹的話，背面也要雕刻出稍微往上的型態。牢記表裡互為一體的原則，仔細處理每一隻觸手。

細胚

往末端雕刻時不要太快，刀鋒突停，反而能營造出躍動感。

07 下刀不要太過俐落，偶爾收斂、停頓，想像海星的觸感雕刻，展現出海星黏黏滑滑的感覺。

體積很小，雕刻時要注意安全！

08

每一隻觸手往上翹的方向、角度都不一樣，海星顯得更生動。背面的中心最好雕刻得像黑洞一般深。

打稿・打胚

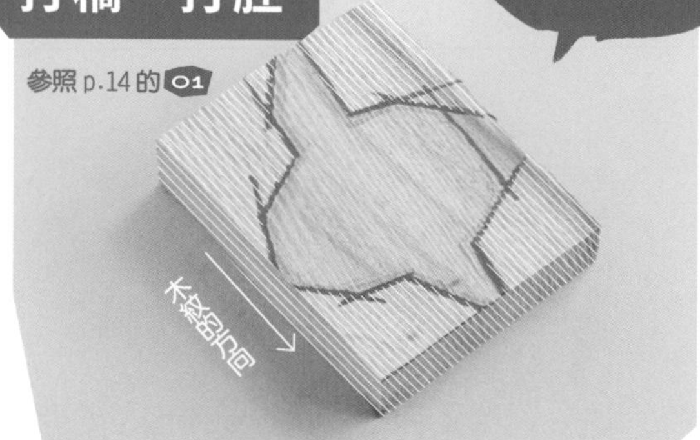

01 畫好輪廓之後，在輪廓線外加上標記線，方便削除木塊外側不需要的部分。用小手鋸切割，不要在主體上留下標記線的痕跡。

粗胚

02 接著將木塊的側面朝上，標記翻車魚的厚度與形體。

03 用較寬的平口刀，沿著側面的標記線削除不需要的部分。從側面看過去，背鰭和臀鰭的末端要雕刻成上下左右方向稍微偏移的樣子，彷彿游動著。

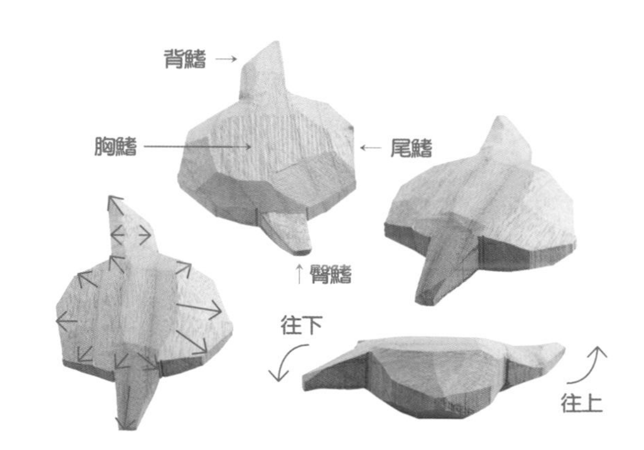

04 粗胚大致雕刻好，檢查整體形狀。將翻車魚想像成一顆骰子，六個面的動作與厚薄等細節都要仔細確認。

修光

05 畫上胸鰭與嘴巴等細節。在尾部的尾鰭，要像是在水中悠游自在地游泳一般，描繪出水波形狀。

06 胸鰭用平口刀的邊角雕刻出輪廓，接著將周圍一圈削除後，胸鰭會自然呈現出來。可以觀察魚類圖鑑、圖片，或自己繪製的素描。

07 尾鰭會比身體的部分薄，但不是一整塊平均削薄，而是透過尾鰭末端的細節雕刻與變化，呈現出透薄的印象。

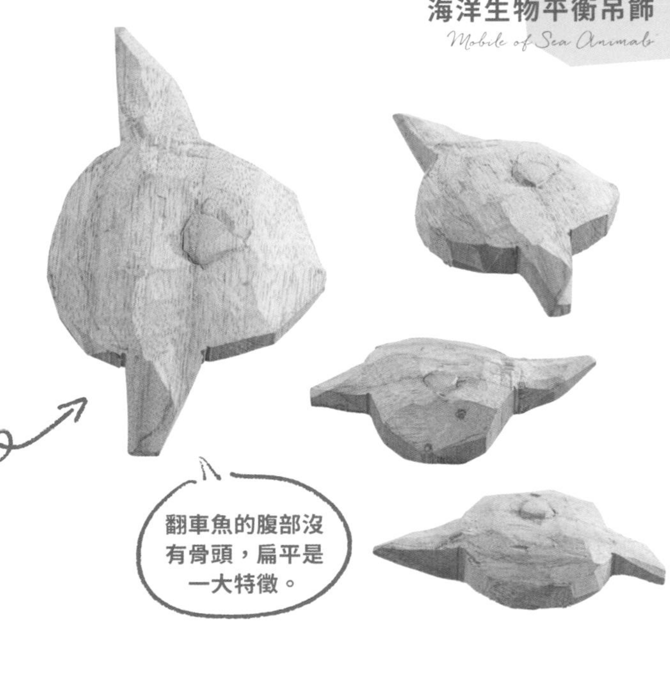

翻車魚的腹部沒有骨頭，扁平是一大特徵。

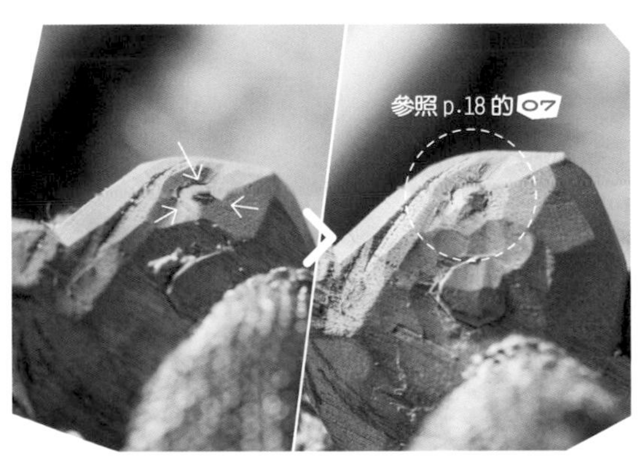

08 以魚嘴為中心，修整連接左右側的上下半部線條。將左右與上半連接的部分修整圓滑。

09 先雕刻魚眼的輪廓，再削除周圍的部分。魚眼的上半與下半，分別雕刻出半圓形的曲線，然後削除外側的部分。

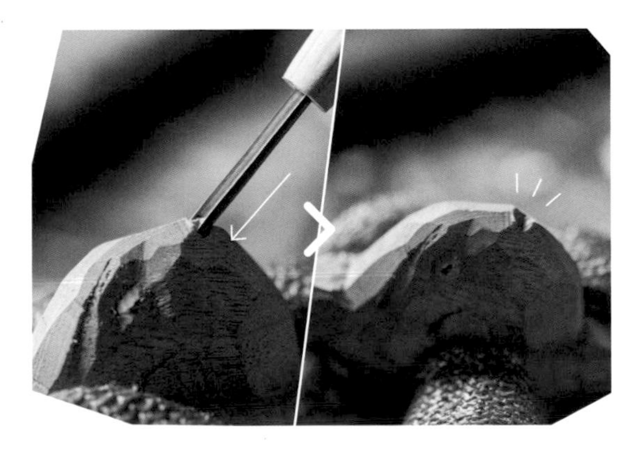

10 用較窄的圓口刀雕刻出魚嘴。不要只朝一個方向，而是要反覆朝上下分別挖鑿，雕刻出自然的口型。

11 雕刻魚嘴周圍部分，讓口型更為突出。也要檢視左右是否大致對稱。

12 進一步雕刻魚身，修整形狀並削薄。也要從臉部正面檢查，將線條修圓，讓左右兩側融合連接起來。

翻車魚的輪廓明確地突顯出來！

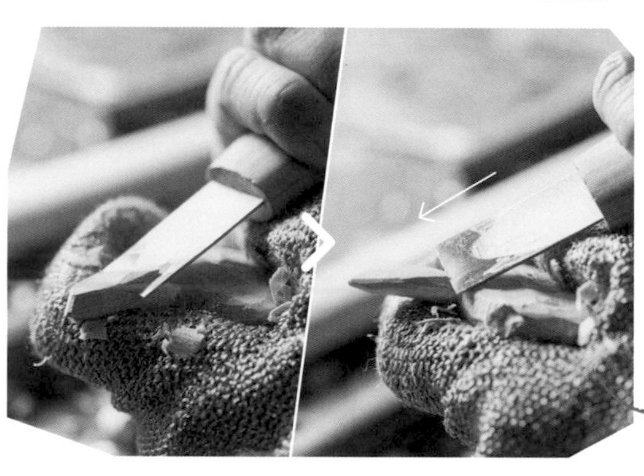

13 接著雕刻背鰭與臀鰭，往末端的方向逐漸削薄。若力氣控制得不好，魚鰭末端可能會缺角，所以雕刻時要小心。

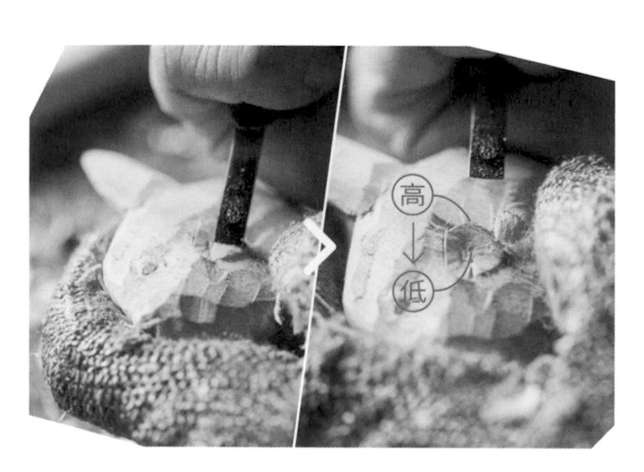

14 翻車魚的身體沒有其他突出的特徵，所以呈現立體感的胸鰭非常重要。胸鰭與身體連結處刻得深一點，才會有隨著水流擺動的感覺。

15 尾鰭要削得更薄，與身體的界線要雕刻得更深。雕刻時從側面下刀，挖鑿出好幾個層次，呈現出拍打擺動的姿態。

16 挖鑿魚鰭與身體的界線，做出陰影部分，讓身體看起來較突出且豐潤。

17 將魚鰭根部削掉一整圈，就能展現出身體使勁帶動魚鰭的力度。雕刻的慣用手不必移動，而是轉動木塊操作。

18 雕刻出魚鰭與身體的界線，讓各部位區分開來，並在細節上突顯翻車魚的特徵。在腹部雕刻細紋，呈現出魚的質感。

19 從身體往尾鰭末端的方向雕刻，不須費力就能輕鬆削除。刀鋒在最後突然停頓，傳遞出一種具有力度的動感。

細胚

20 要讓尾鰭呈現自然的波形，技巧在於下刀挖鑿後，要拿起來再重新下刀，反覆操作雕刻整塊尾鰭的部分，展現出從容悠游的特徵。

21 換用三角刀，在胸鰭部分雕刻出細紋。三角刀可以雕刻出一定深度的紋路，很適合在魚鰭上雕刻整齊的花紋。

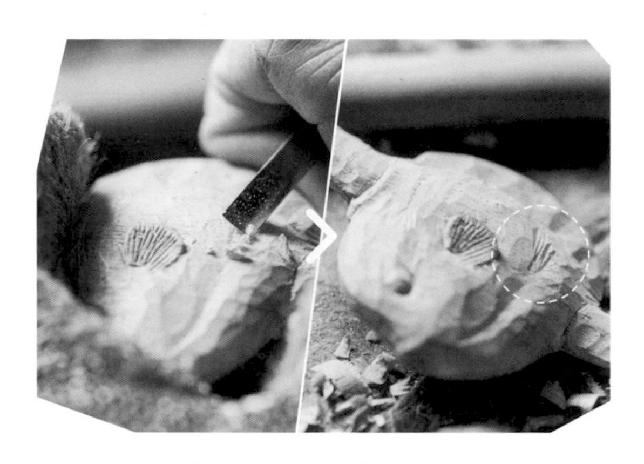

22 若不想那麼整齊，想呈現些微差異，可用平口刀。將平口刀輕輕抵住身體，雕刻出光影的線條或細紋。

23 在尾鰭的末端邊線進行細節雕刻。強調波狀的線條，讓魚鰭擺動更加寫實。

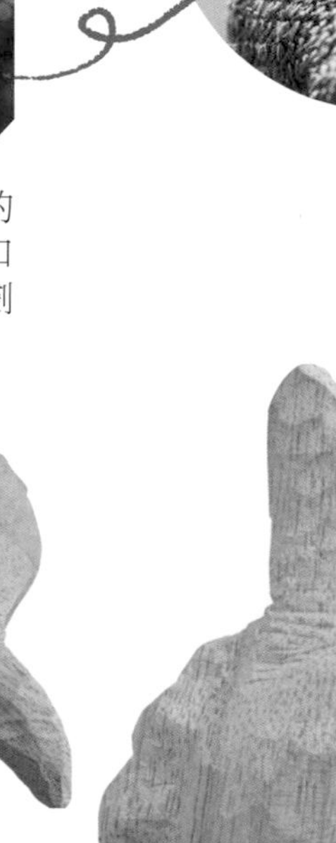

24 翻車魚的眼睛沒有表情，不需要複雜的雕刻，只要像畫畫即可。用較窄的平口刀邊角刻劃出圓圓的眼珠，內圈再刻劃出瞳孔的部分。

25 翻車魚乍看似乎扁平沒有凹凸起伏，但仔細觀察，發現每個部位都有各種不同的特徵，也可以觀察到細微的光影變化。

打稿・打胚

這裡開始是
海獺！

參照p.14的02

01 在木塊上畫出海獺浮在水中的側面。並畫上要用小手鋸切割的標記線，以及打胚用的輪廓線。

粗胚

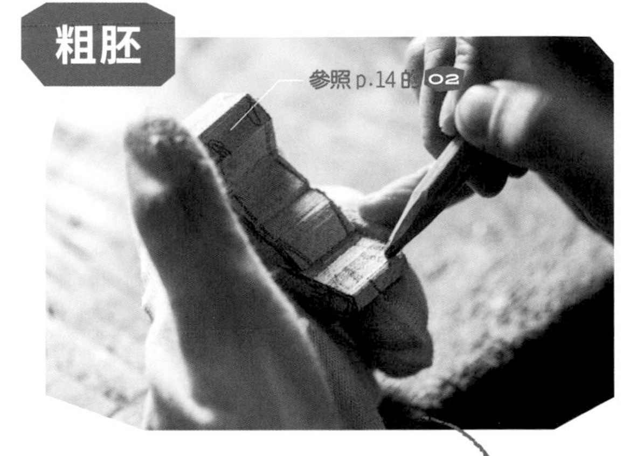

02 用小手鋸削除包括紅色輪廓線在內所有不需要的部分，然後在海獺的正面畫上輪廓。

沿著紅線切割！

03 用較寬的平口刀，沿著側面輪廓線削除不需要的部分。想像海獺在水中自在漂浮的感覺。

修光

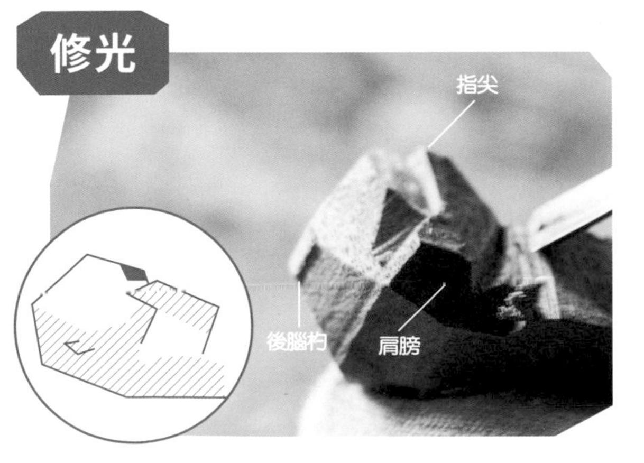

04 主題是捧著臉頰的可愛海獺。手和臉是最突出，也是最重要的部分，先從這裡開始雕刻。

05 臉部下方的肩膀到整隻手，還有手捧頰的整個臉部，整塊的輪廓要一起雕刻。也要注意調整手腕關節彎曲的位置，以及彎曲的程度。

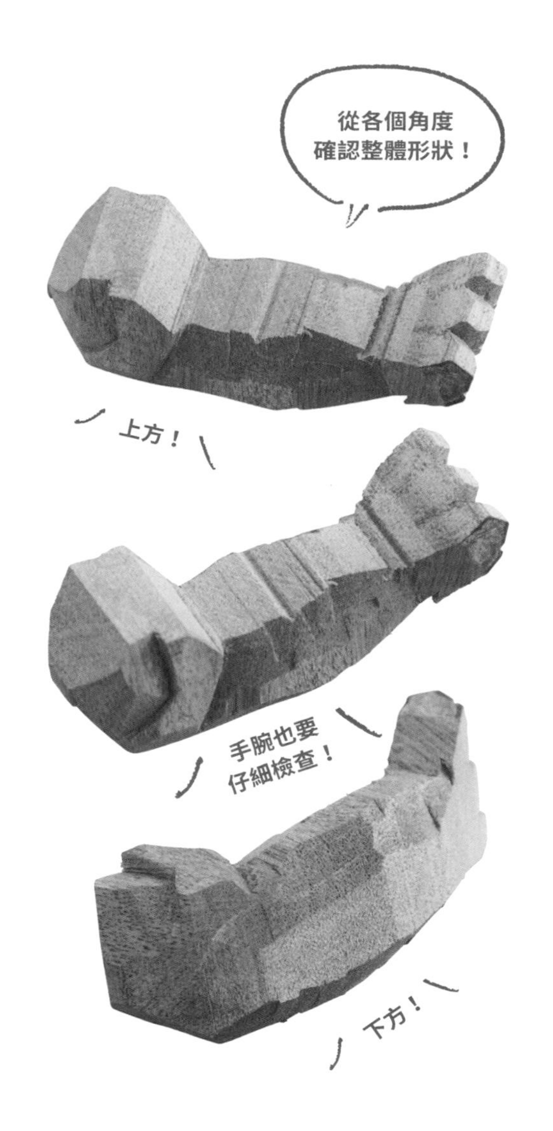

06 大大的黑色鼻頭，是海獺給人的印象。雕刻臉部前，先決定鼻子的位置與大小。將臉部擺正，從各角度往鼻子的中心斜上雕刻。

07 切劃出手部和臉部的界線，雕刻各部分。不需要太拘泥左右對稱，一隻手的輪廓雕刻好後，再雕刻另一隻手。

08 臉部與肩膀的界線要切劃清楚，下巴與脖子之間的界線也要確實雕刻出來，才能突顯出各部分的輪廓。

09 從側面查看手腕的彎曲程度，從背面查看背部拱起來的弧線，從下方查看下巴的角度與身體的曲線，進行全面檢視。

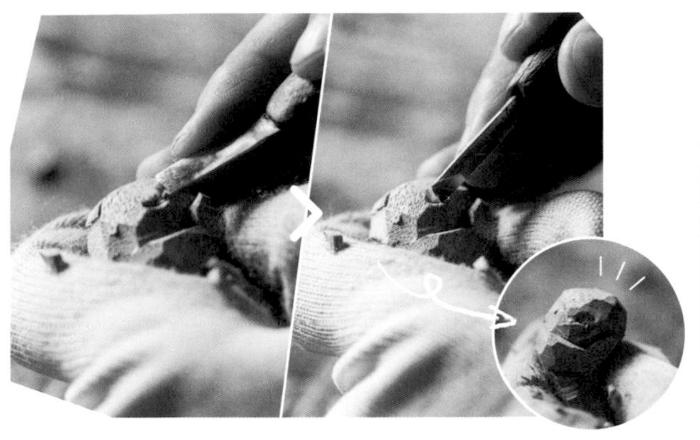

10 耳朵是容易忽略但一定要雕刻的部分。從圖片或素描確認耳朵的位置，用平口刀雕刻。

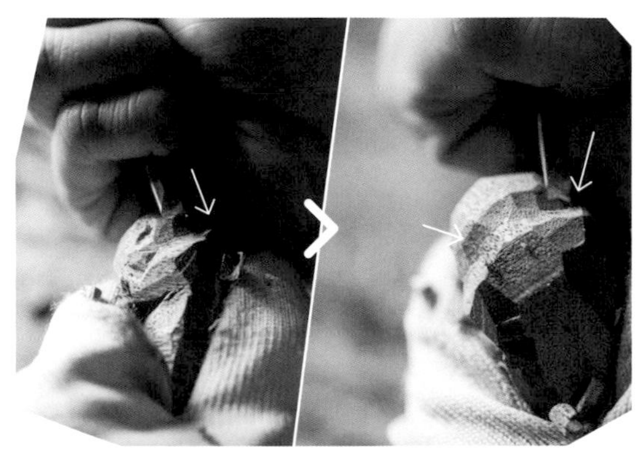

11 耳朵內側也要確實雕刻。拱著背漂浮在水中的海獺，後腦杓的曲線也很重要，整個頭部都要仔細雕刻。

12

海獺腹部的毛皮也是一大特色。可以用平口刀下刀之後，俐落地左右移動，雕刻出被海水浸濕，顯得有些雜亂的毛皮。

13 先將長尾巴與壯實的後肢雕刻出來。長尾巴是海獺的特徵之一，反覆觀察圖片或圖鑑，雕刻出突出的尾巴。

14 不可輕忽的部分還有海獺的雙腳。要雕刻出豐潤有力、足以讓海獺安穩站立的腳掌。

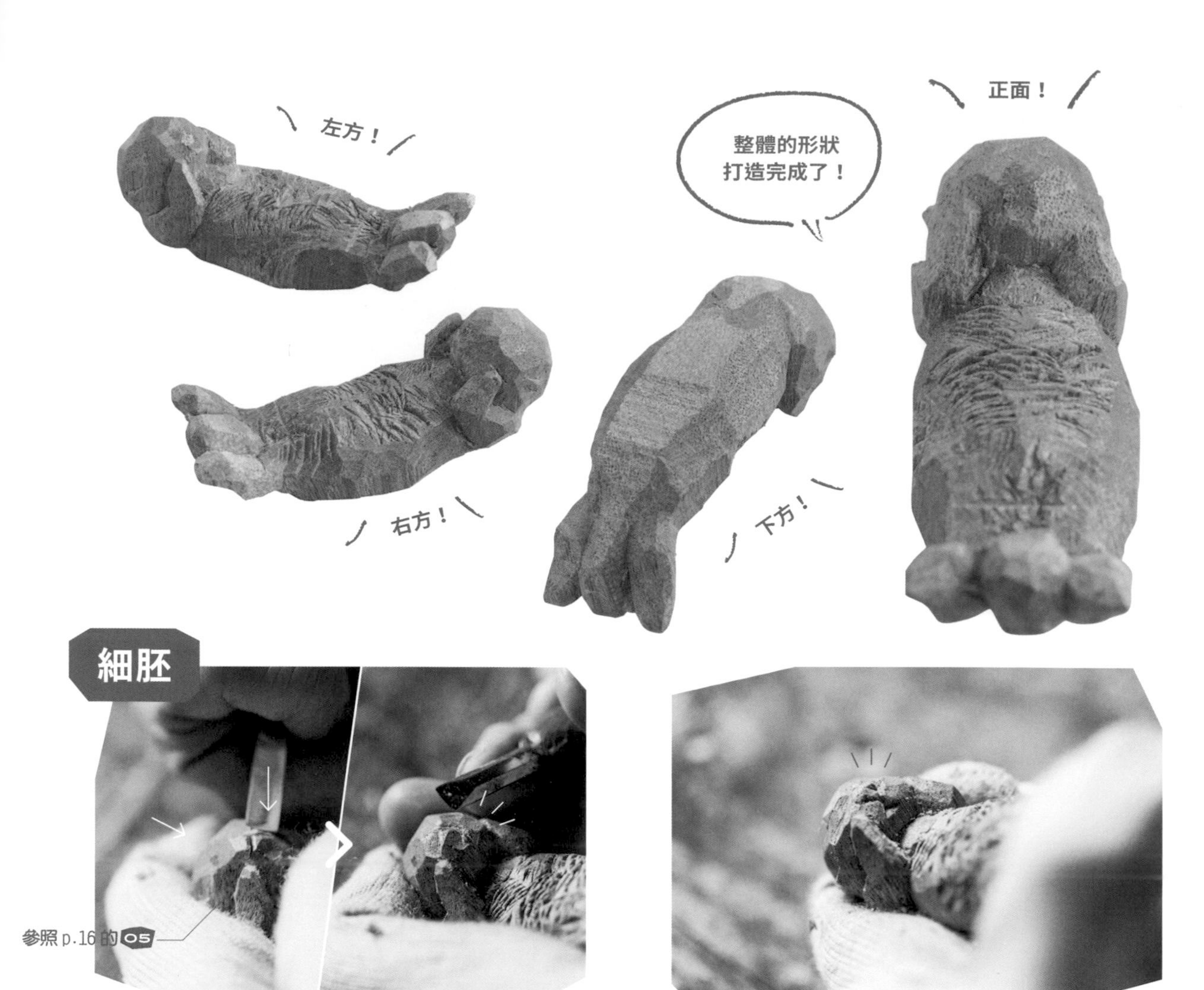

15 跟無尾熊一樣，海獺黑色鼻頭也很可愛。若想突顯鼻子，可以在周圍多挖鑿一圈，就會更立體。

16 用較窄的平口刀雕刻鼻孔與嘴巴。第一眼會覺得小嘴巴很可愛，但其實裡面有著可以咬斷扇貝或魷魚的堅固牙齒。

17 想像著雙手捧著鼓鼓的臉頰來雕刻雙手和臉頰連接的地方，讓輪廓立體。在雙手的末端，刻劃出代表爪子的線條。

18 每一個部位的位置關係與重疊狀況都要確實雕刻出細節。再次明確加深下巴與身體之間的界線。

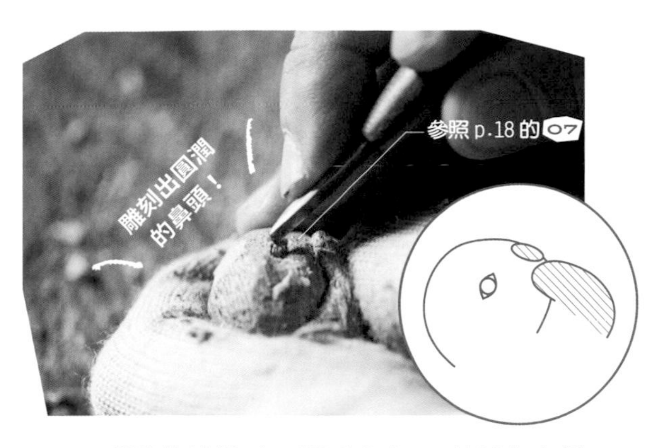

19 眼睛位於側面，所以用平口刀的邊角在側面雕刻出眼睛輪廓。之後從中間的眼球部分，往周圍的眼眶下斜雕刻出眼球。

20 額頭與腹部等位置雕刻出毛皮的紋路。這裡盡量雕刻出細節，上色時才能呈現自然的質感。

21 仔細觀察圖片或圖鑑，用較窄的平口刀，以邊角雕刻腳尖、尾巴等更細微的部分。

22 漂浮在水中，腳尖輕輕露出水面，是海獺特有的姿勢。細微調整背部的圓弧與雙腳的角度，使呈現出輕盈的狀態。

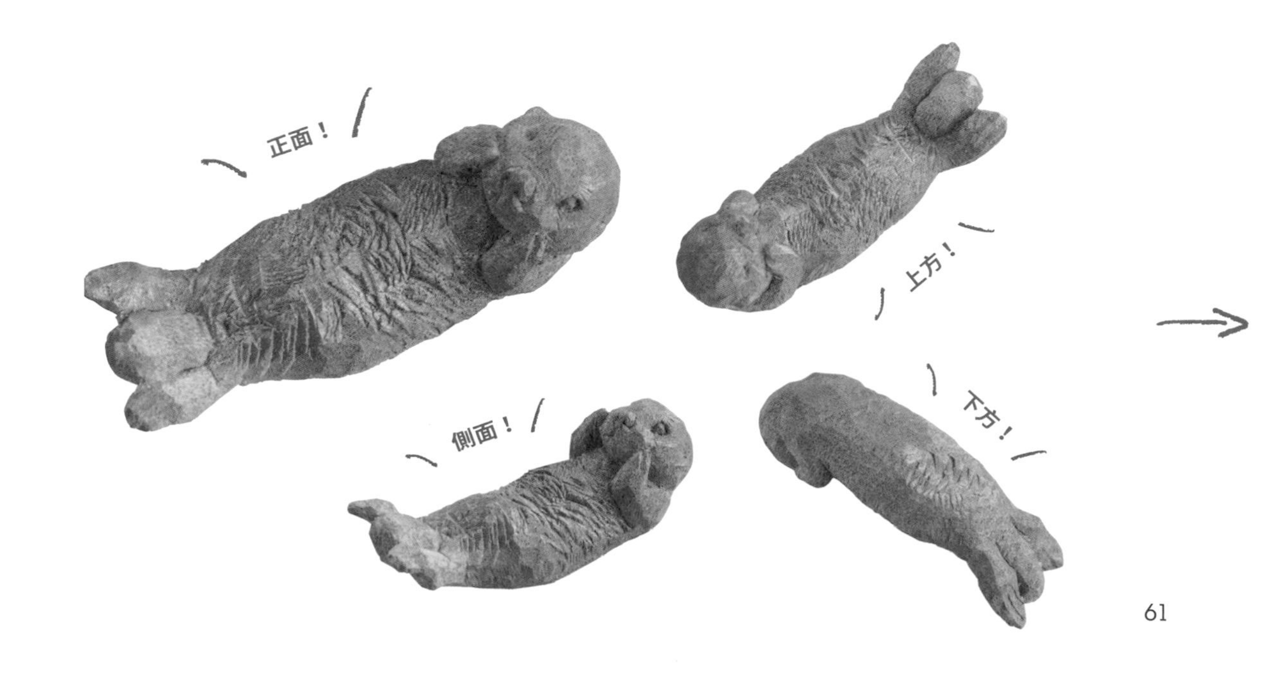

上色

參照 p.19 的 11

O1 首先是海星。用壓克力顏料塗上各種顏色！若背面改用白色，會更逼真。也可以畫上圓點或條紋等圖案。

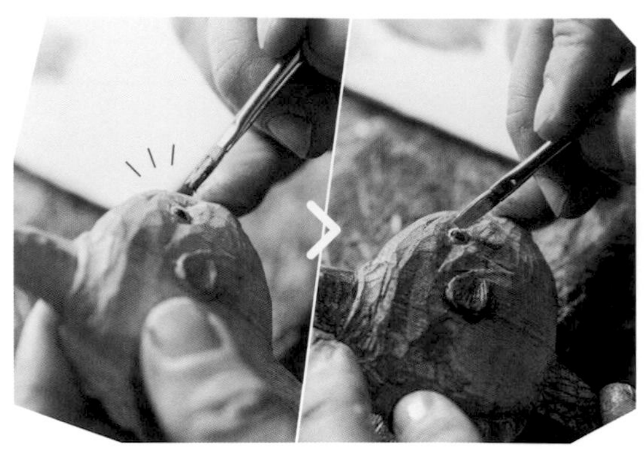

O2 翻車魚的眼睛不發光，所以不用腰果漆，而是將藍色與黑色的顏料混合後上色。身體全部以乾刷方式塗上灰色。

O3 將口腔內部、眼睛下方陰影、魚鰭內側等處塗黑。大型翻車魚的尾鰭常見圓點花紋，也可以在魚鰭上繪製圖案。

O4 輪到海獺上色。海獺的眼睛先用透明腰果漆打底，再塗上黑色腰果漆。鼻子和嘴巴則用腰果漆直接上色。

O5 整體以乾刷法乾塗上色。用加入黑色調成深咖啡色的顏料，以摩擦表面的手法粗略塗抹。不要反覆上色，白色部分先空下來。

O6 海星的顏色不用寫實，可以設計好平衡吊飾整體的色彩組合後再選色。

加工

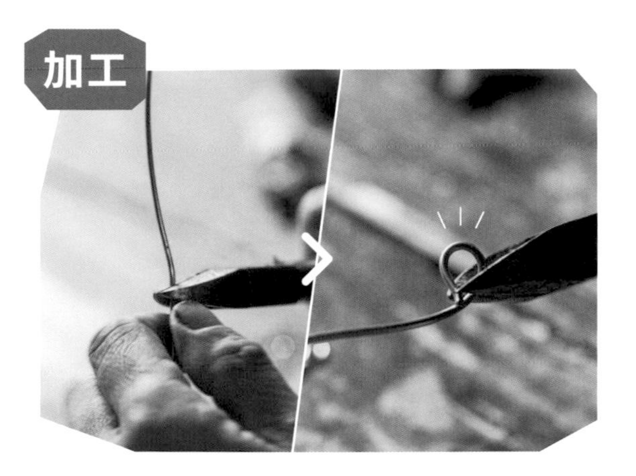

07 安裝金屬掛件。用老虎鉗或尖嘴鉗剪約15 公分長的鐵絲。從中央夾住後扭出一個小圓。兩端也扭出小圓當成掛鉤。

08 再剪兩段稍微不同長度的鐵絲，同步驟 07，做出共 3 組吊飾用鐵絲。兩端的小圓朝上扭或朝下扭都可以。

09 將吊環螺絲（吊飾用掛件）插入海洋生物的身體。翻車魚若在較薄的位置插入螺絲，可能會裂開，所以要在有厚度的位置插入。

10

可以嘗試各種吊掛方式，觀察吊飾擺動的狀態與平衡。小隻的海星直接用吊環螺絲相連接也很可愛。

從房間的一角直射過來，同時帶著成熟與稚氣的療癒目光。

虎斑貓戒枕

Ring Pillow of a Kijitora-Cat

這是繼湯匙、盤子之後，
掌握貓咪特徵製作的應用作品。
終於開始挑戰高寫實程度的雕刻。
掛上自己喜歡的戒指，更讓人愛不釋手。

必備工具

木塊（楠木）、平口刀、鉛筆、紅筆、小手鋸、平頭筆、勾線筆、壓克力顏料（黑、白、藍、紅、黃）、腰果漆（黑、黃、透明）

楠木：
長 9× 寬 4× 高 9（公分）

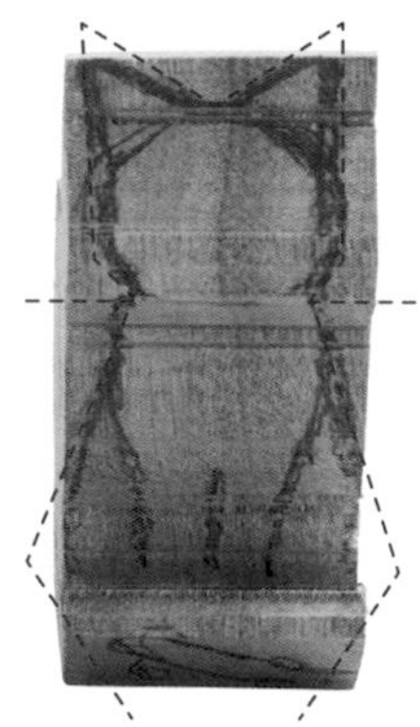

打稿・打胚

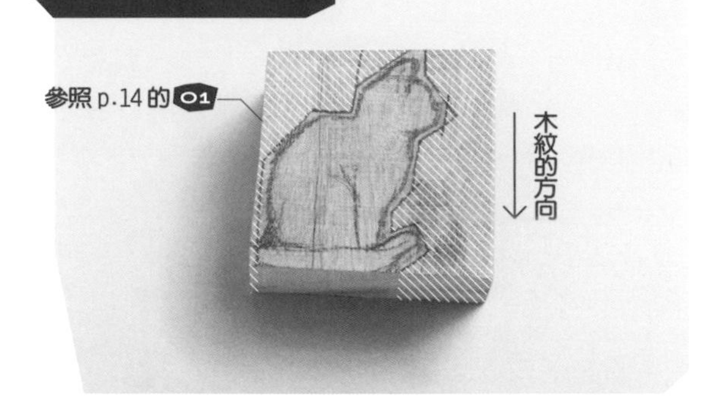

01 仔細觀察要雕刻的貓咪，在木塊上描繪出輪廓。在輪廓外側大致加上標記線，用小手鋸削除不需要的部分。

粗胚

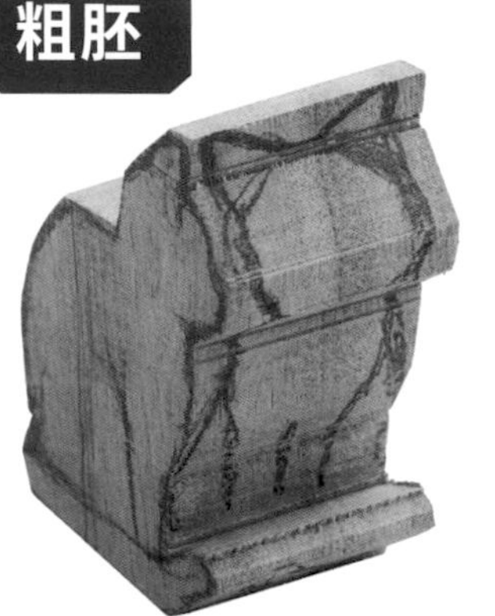

02 正面和底部等每一面都畫上詳細的輪廓。雖然只是底稿，但也要注意耳朵傾斜的程度與尾巴的方向等。

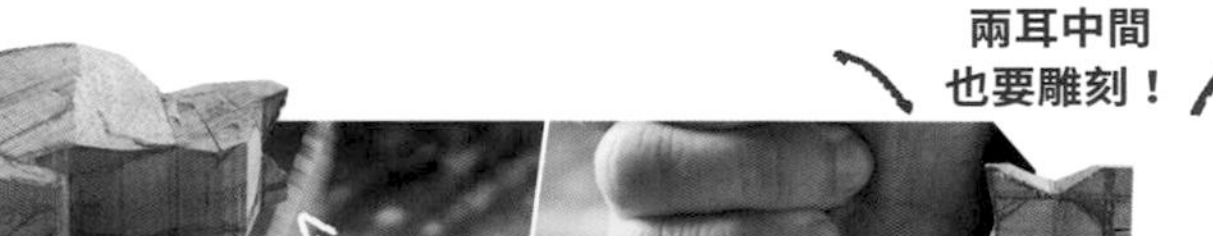

03 削除身體周圍不需要的部分。用小手鋸在正面和側面切割出與輪廓垂直的標記線。兩側都做好標記線後再切割，避免左右深度不一。

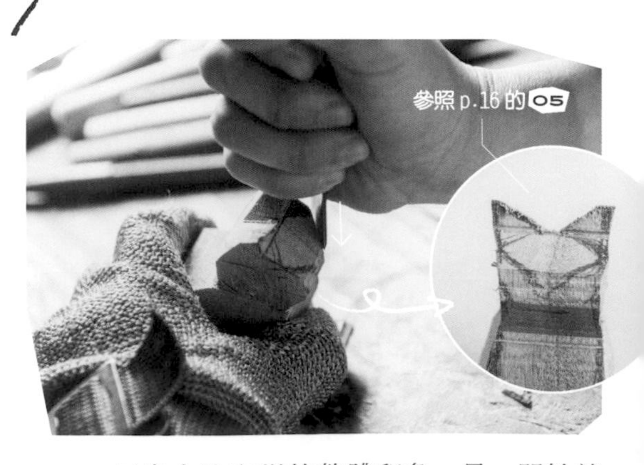

04 口鼻會決定貓的整體印象，是一開始就要雕刻的部分。兩耳之間的橫切面較硬，縮小面積後較易雕刻，因此也可以先刻出耳朵。

 難度 ★★★★

05 脖子用平口刀從身體這一側下刀。若下刀的角度太淺，會花很多時間雕刻，所以要把握的重點就是大膽下手。

06 正面與側面的粗胚打好之後，進行頭頂與後腦杓的部分。從各角度畫上想要雕刻出的輪廓，削除不需要的部分。

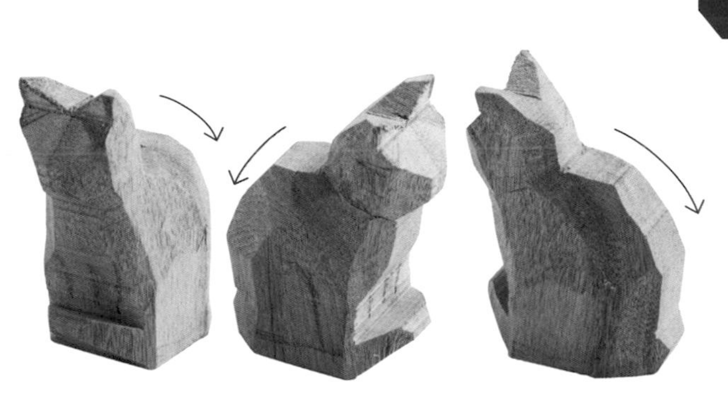

07 將背面與側面，以及正面與側面的邊角修圓，刻出整體圓潤的線條。雕刻從二次元進化到三次元，必須更呈現立體感。

修光

08 三次元的雕刻，必須從更多角度檢視，且更貼近寫實。雖然手法和雕刻湯匙時相同，但會從更多細節與角度下刀。

09 從耳朵的尖端往耳根與臉部的連接處俐落下刀，修整耳朵的角度。貓耳會往前傾，耳朵內部也要雕刻。

10 確實雕刻出從口鼻部往脖子的斜面。臉部要從以口鼻為中心的四角錐，修圓成為六角錐的形狀。

11 身體的部分，首先決定前腳的形狀。在身體上俐落雕刻出前腳兩側的線條，呈現前腳的輪廓。

12 前腳雕刻好後，削除後腳周圍不需要的部分，呈現後腳的輪廓。同時注意不要削到尾巴，仔細確認尾巴的位置。

13 正坐的貓後腳十分粗壯，可以透過挖鑿後腳與身體的界線來呈現。與前腳之間的縫隙也要雕刻出陰影。

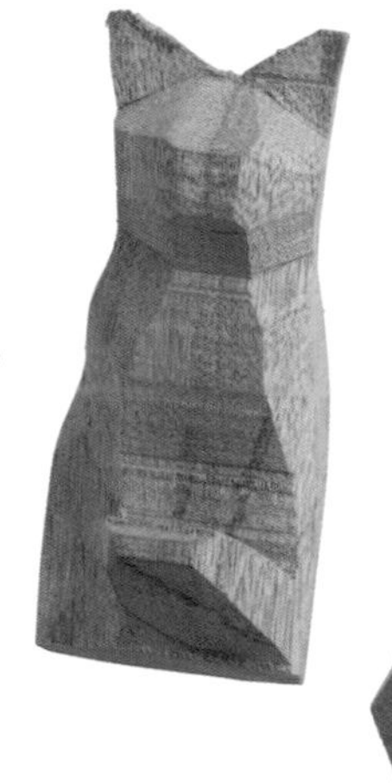

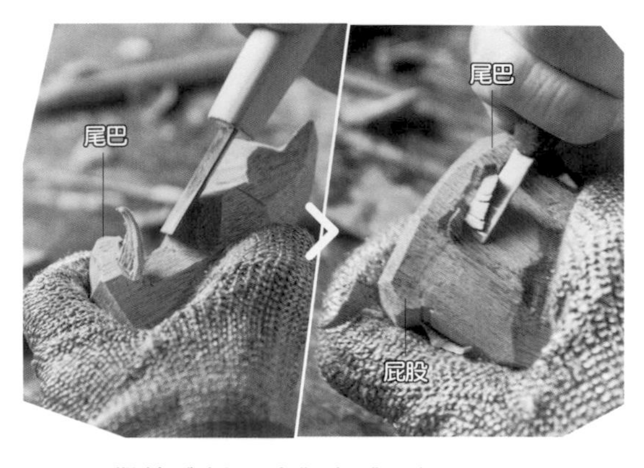

14 繼續雕刻四肢與身體。如果不小心削到尾巴的部分，只要修整尾巴的形狀就可以調整過來。鼓起勇氣來雕刻吧！

15 在前面的階段先確定尾巴的形狀。在四肢與尾巴的界線中間下刀挖鑿出陰影，這樣從側面看起來尾巴比較明顯。

照片提供 = hanamomo

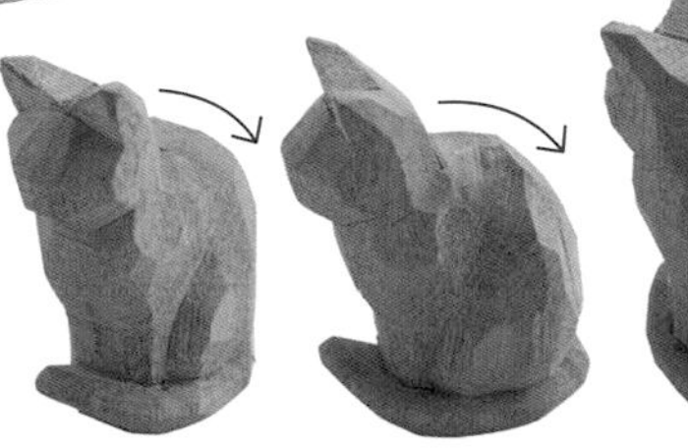

16 尾巴的位置比腳掌略高，所以先加以修整。尾巴的形狀確定後，就可以雕刻出與腳掌、身體之間的界線。

17 圓潤的背部必須仔細雕刻。這時要配合前腳與身體連接關節處的曲線，注意整個身體的平衡來進行。

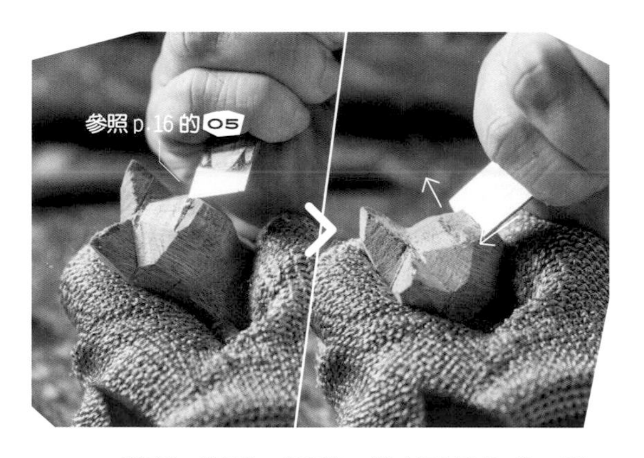

18 鼻頭、眼睛、額頭，從高到低分成 3 段，呈現出臉部輪廓。從中心的口鼻部位，下斜往眼睛的位置，雕刻出高低差。

19 一邊雕刻貓臉的每個部位，一邊確認整體的平衡。同時修整兩耳間的頭頂與耳朵的形狀。耳朵後方與後腦杓仔細觀察後再進行雕刻。

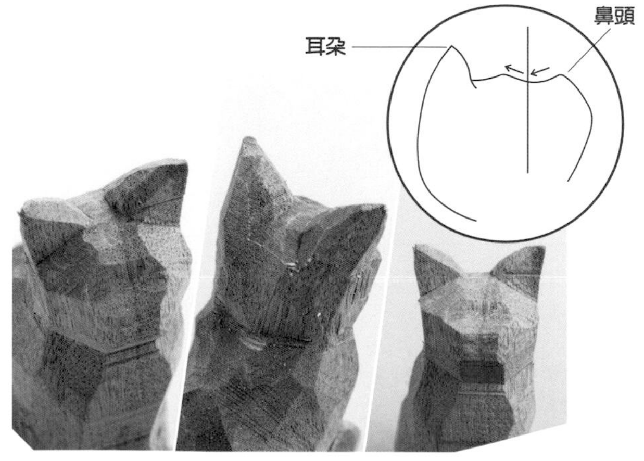

20 從鼻頭到眼睛的位置，確實雕刻出高低差。額頭到兩耳間的頭頂，再往後腦杓過去，推出一道線條，就能刻出自然的頭形。

21 從脖子下方連接前胸往前腳的根部雕刻。如果要讓前胸顯得豐潤，就要把周圍的部分再削掉一圈。

22 原本連結成一塊的前腳部分，在中間雕刻界線，分出左右兩腳。小心不要弄斷突出的尾巴末端，用較窄的雕刻刀在縫隙中挖鑿。

23 雕刻分出左右的前腳兩側，讓前腳更立體。這時也要修整前腳與後腳的界線，將陰影的部分挖鑿得更深。

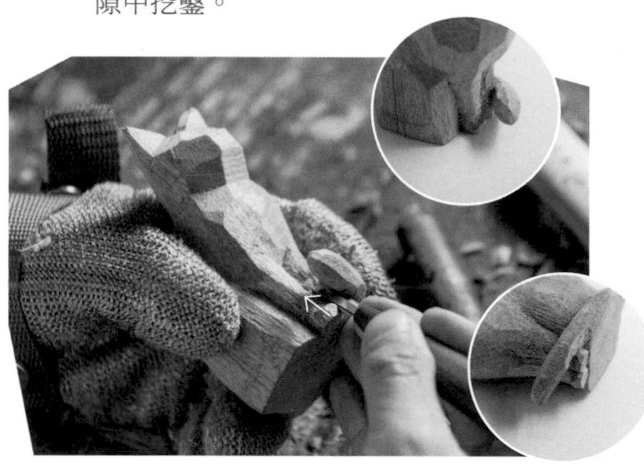

24 在正面前腳的末端雕刻細節，讓腳踝呈現出來。尾巴擋到的部分，用較窄的平口刀仔細雕刻。

25 檢視臉部細節，修整脖子以上的部分。首先是輪廓，換用較寬的平口刀，強化臉部的圓潤線條與突出部分的曲線。

26 為了更突出口鼻，可將口鼻下方低一截往脖子方向的斜面雕刻得更明顯。若覺得沒把握，可先打線條底稿。

27 側臉也很重要！從側臉到口鼻的突出線條，以及側臉到下巴往下削的線條，都要力求完美。別忘了臉部與脖子間的線條也要修整出弧度。

28 臉部輪廓大致固定後，從各種角度檢視與身體的平衡、凹凸、連接狀態。

29 身體、前腳、後腳要明確區分。用較窄的平口刀，再次挖鑿前腳與後腳之間的界線。

30 前腳目前還是直線狀態，往腳踝的方向下削出漸收的曲線。同時後腳也修整出凹凸的細節，確實雕刻出腳踝的弧度。

31 原本和後腳連結成一塊的前腳，現在很明確地浮現出來。蹲踞的後腳圓潤的線條，也是呈現出立體感的重點之一。

32 耳朵內部用平口刀挖鑿修整。此外，矗立在後腦杓上的貓耳，將耳朵後方與後腦杓之間的界線雕刻得更清楚，會更逼真。

33 360 度檢視整體的平衡並加以修整。

34 進一步雕刻身體，讓作品更寫實。換用較寬的平口刀，仔細檢視身體與後腳相連接的圓潤線條雕刻。

35 肩膀比起粗壯的後腳要來得貼近身體，橫幅較為狹窄。從左右兩側最寬的位置，往肩膀的方向挖鑿雕刻。

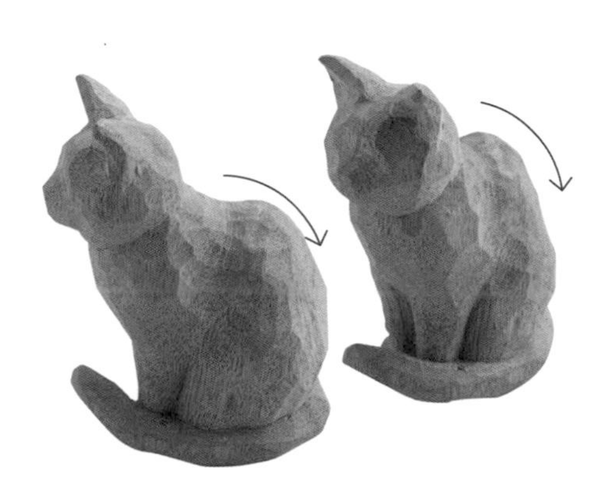

36 在正面前腳的末端雕刻細節，讓腳踝呈現出來。尾巴擋到的部分，用較窄的平口刀仔細雕刻。

37 若不小心弄斷或是失手削掉雕刻好的部分，別慌張，用瞬間接著劑即可。黏上之後，隔著一塊乾布輕輕加壓固定。

細胚

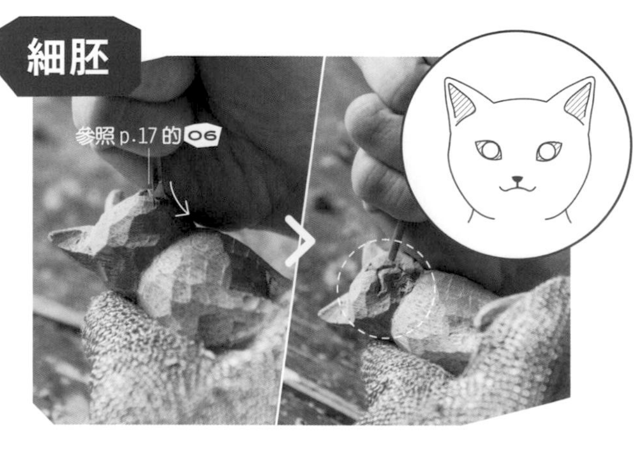

38 臉部一定是從最突起的鼻頭開始雕刻。鼻子是一個倒三角形，嘴巴是へ的形狀，中間則以一道直線相連。

39 眼睛確實雕刻出上下輪廓，並將輪廓挖鑿出深度，突顯眼球。掌握貓眼的形狀特徵，更能展現貓咪的個性。

上色

40 在黑色腰果漆上疊擦黃色腰果漆，再用黑色腰果漆繪製瞳孔。身體先全部用毛色的壓克力顏料大致打底。

41 調出比整體顏色更深的壓克力顏料繪製花紋。建議把素描或照片放在旁邊忠實描繪。

42 雪白的毛色很不寫實，所以把些許米色（用白色加黃色調出）混入白色顏料中，調出明亮的毛色。不要一筆塗很厚，輕輕上色就能呈現毛皮的質感。大功告成囉！

繪製雕刻主題的素描

Let's Sketch the Carving Motif.

在雕刻動物之餘，對創作的模特兒進行素描寫生，
也是相當重要的事。
將素描動物時獲得的想法與珍貴觀點，
應用在木雕上吧！

好好感受、好好學習，才能雕刻出活靈活現的作品。

繪製素描的時間，和實際握著雕刻刀在木塊上雕刻一樣重要。不依靠圖片或圖鑑，直接仔細觀察模特兒實體，是雕刻出活靈活現作品的基本條件。

素描不用畫得多好，目的是用在雕刻作品時的必備設計圖。仔細觀察動物模特兒，從各種角度捕捉其特徵，即便是一起生活的動物，也能發現不同的表情、魅力與個性。

素描的 10 大原則

1. 素描不是爲了練習繪畫技巧，而是藉此仔細觀察、感受、學習這個世界，然後傳達給他人。

2. 公開自己畫的素描，就像開一扇窗。也就是畫畫時，其實是抱持著招待重要人物的心情，打開窗戶向他們說：「歡迎光臨！」

3. 照著眼睛所見的事物來畫，不用多加修飾。相信自己看到的、覺得美好的事物，並照著看到的感覺畫出來。

4. 素描時要永遠保持新鮮的心情。不管是繪畫的時間、光線、空間，還是自己，都不可能完全相同。所以每次都要以嶄新的方式、新鮮的心情畫畫。

5. 覺得討厭的事物，也會有美麗的一面。覺得很難畫的主題，說不定藏有讓繪畫突破的線索。所以，請試著將任何事物都至少畫過一次。

6. 看得到的事物，其內在也蘊含著看不見的美麗！不只是用眼睛，請細細感受聲音、氣味、溫度、觸覺，將其完整地呈現。

7. 不管是畫畫，還是仔細觀察世界時，都是在與世界進行連結。簡單的一幅畫，可以讓我們想變成誰就變成誰，想去哪裡就去哪裡。

8. 在感到痛苦難受，想要逃走的時候，可以透過繪畫，正視讓你痛苦的一切。如果能將焦點從痛苦本身轉移到周圍的其他部分，也許就不會那麼痛苦了。

9. 整體繪製到一個段落後，挑選一部分集中細修。完成一個部分的細節，再重新修正整體的平衡，並反覆進行。

10. 我相信，一定存在著只有自己才能看見的美麗事物與形狀。每個人都能找到尚未被他人發現的美麗，然後透過繪畫，將這份美麗傳達出去。

配合動物的動作移動，基本上不坐椅子，追著動物跑，就是橋本的風格！

希望能畫出各種細節，盡可能準備可畫出木雕原寸大小或是更大一些的畫紙。

橋本美緒的素描紀實

素描不是為了展現繪畫技巧。必須仔細觀察身體的線條、每個部位的位置和連結性等細項再繪畫。

素描時的呈現方法與視點，必須從雕刻的角度出發。毛皮的質感與方向、顏色混合、紋路密度等，都要靠自己調整。

如果動物睡著，就無法從全面角度觀察繼續畫下去。所以若動物睡著了，可以先暫停素描，或改畫睡著的樣貌。

相較於圖片和影像，盡量用眼睛觀察實物，感受牠的呼吸，體會動物本身特有的立體感與生命力。也建議前往動物園或水族館進行素描。

先打草稿可能會打斷節奏，建議不要打草稿直接畫。先畫出當下的大概輪廓即可。

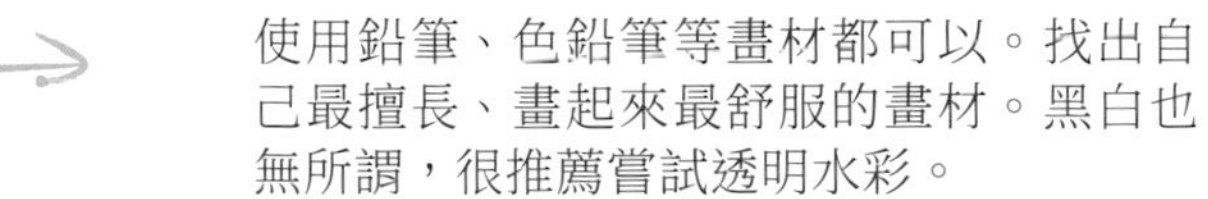

使用鉛筆、色鉛筆等畫材都可以。找出自己最擅長、畫起來最舒服的畫材。黑白也無所謂，很推薦嘗試透明水彩。

素描是打磨感受能力的熱身運動。

繪製素描時，要同時思考雕刻時想呈現出哪些細節，使用哪些顏色。

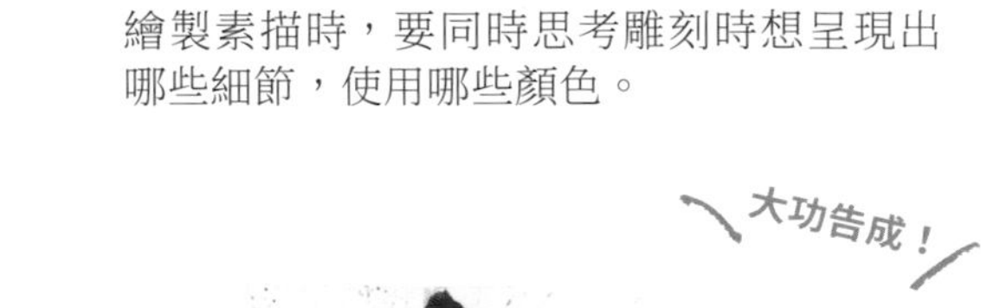

仔細描繪只有自己才看得見、找得到的美麗部分。持續練習素描，覺察力與感受力都會提升！

只要畫過一次的動物，就會長駐心中。體會素描的重要，才能呈現出雕刻的生命力。

想要常伴身旁，手掌大小的愛犬。

黑柴犬戒枕

Ring Pillow of a Kuro-Shiba

實際體會到木雕的樂趣後，
便能從素描開始到雕刻完成一整套流程。
認真面對、仔細觀察，
一定能發現愛犬從沒見過的表情。

必備工具

木塊（楠木）、平口刀、鉛筆、紅筆、小手鋸、平頭筆、勾線筆、壓克力顏料（黑、白）、腰果漆（黑、透明）、水性護木漆

楠木：
長 9× 寬 4× 高 9（公分）

打稿・打胚

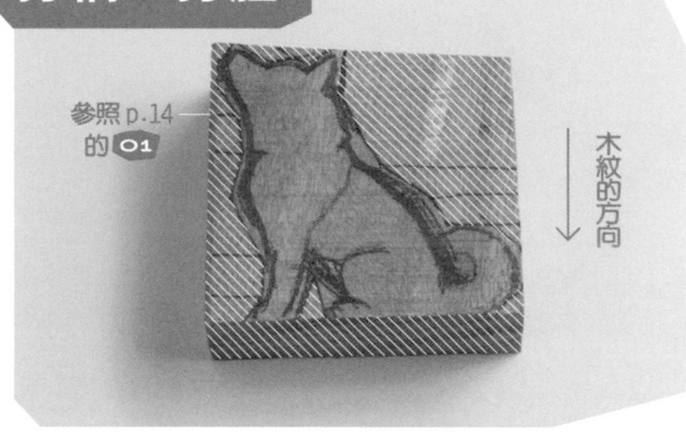

01 和製作貓戒枕一樣，先觀察畫好的柴犬輪廓底稿。在輪廓外側大致加上標記線，用小手鋸削除不需要的部分。

02 大致削除不需要的部分後，再在正面、頭頂、背面等其他方向打上底稿。將黑柴犬想像成一顆骰子，六個面都畫上輪廓。

03 六個面都沿著輪廓線切割。緊接著是削除兩耳之間的橫切面，確定耳朵的輪廓。橫切面較硬，縮小面積後較易雕刻。

粗胚

04 連結成一塊的前腳部分，分出左右兩腳。狗和貓不同，狗的兩腳分得比較開，可以用小手鋸切除兩腳中間不需要的部分。

05 從前腳肩膀的部分與胸部附近往腳尖的方向下削。兩腳側邊由上往下，以傾斜的角度確實雕刻。

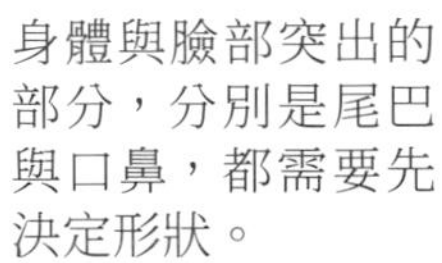

身體與臉部突出的部分，分別是尾巴與口鼻，都需要先決定形狀。

06 沿著尾巴兩側的輪廓線，以較寬的平口刀用力雕刻。削除不需要的部分，同時思考尾巴的長短粗細。

07 用平口刀打出粗胚，讓球狀尾巴慢慢成形。確實雕刻出臀部與尾巴的界線，突顯臀部的圓潤與尾巴。

08 雕刻球狀尾巴中心的陰影部分，挖鑿出凹陷的形狀。在打粗胚的階段，要計畫好如何雕刻好陰影部分。

09 尾巴的形狀也要隨時從各角度檢視輪廓。

10 從上方檢視以決定身體的寬度。從圓潤的臀部到脖子的整個背部，呈現稍微後仰的曲線。將角度確實削圓，避免背部過於厚重。

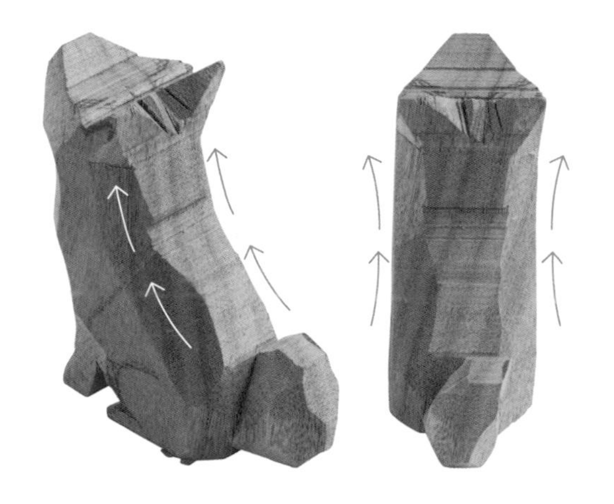

11 雕刻一部分之後，記得要擴大視野檢視整體的平衡。這是雕刻動物時的一大重點。

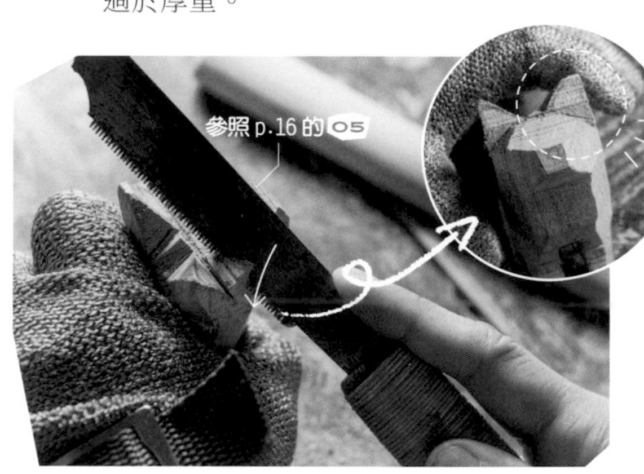

12 貓耳和狗耳豎起的樣子不同。貓耳會稍微往前傾，狗耳則是蓄勢待發時，尖端會直直豎起。

13 從雙耳、額頭到雙眼的兩條線，加上口鼻部，形成了三段高低不同的面。臉頰也刻出些許斜度，與口鼻部相連接。

柴犬整體看起來有稜有角，毛皮也是直線的狀態。圓口刀雕刻出的是柔軟的曲線，所以這裡要用平口刀。

修光

14 雕刻出耳朵的形狀。從耳尖往耳根確實下刀，往耳根的方向施力，耳尖就不容易斷。兩耳之間也要確實雕刻。

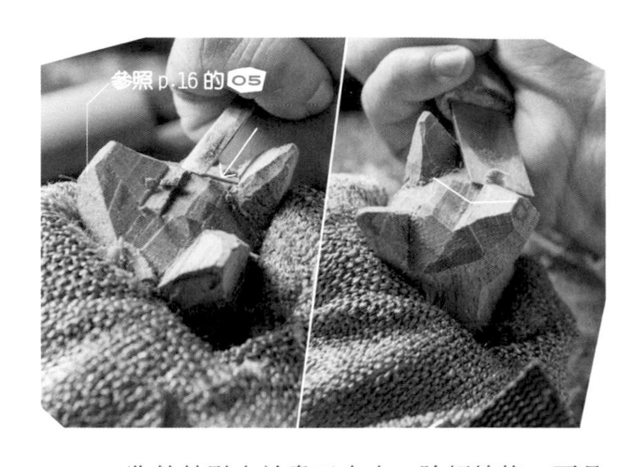

15 狗的特點在於鼻子大小、臉頰線條、耳朵直立方式。狗的臉頰較銳利、有稜角，會往口鼻部的方向斜削過去。

16 柴犬的鼻子長，口鼻部也突出。用較寬的平口刀，從鼻尖與鼻根兩個方向雕刻，削出以鼻尖為中心，呈現放射狀的斜面。

17 柴犬的鼻尖超乎想像得小，盡量多削幾次，讓口鼻部末端尖尖翹翹。下巴的部分也要確實雕刻，讓鼻子突顯出來。

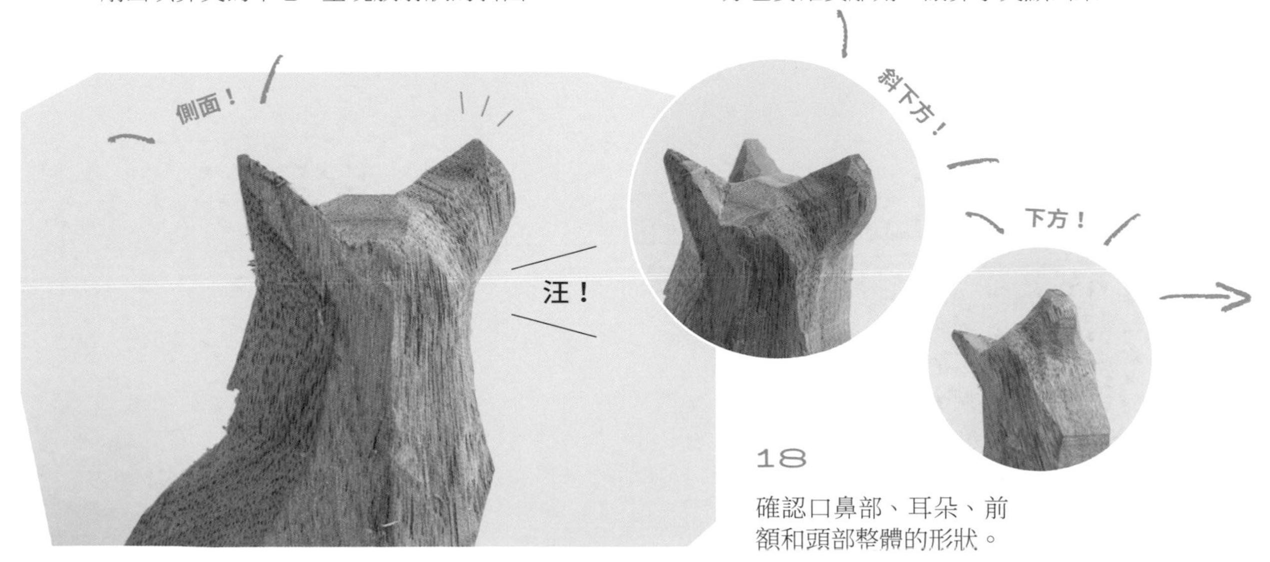

18 確認口鼻部、耳朵、前額和頭部整體的形狀。

19 如果「不知道應該要雕刻哪個部分」而暫停的話，可以重新打底稿，再削除不需要的部分。從各個角度重複這個步驟。

20 確實雕刻出陰影的部分，便能呈現後腳蹲踞時的圓潤線條。從前腳側面與後腳側面兩個方向下刀，挖鑿出中間的深溝。

肌肉強健的後腳！

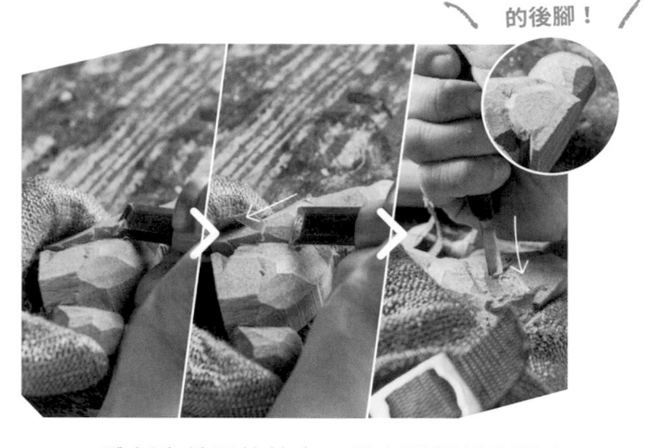

21 雕刻出前腳的輪廓，從大腿根部往腳尖的方向逐漸變細。雕刻粗壯圓潤的後腳時，也要注意質感。

22 柴犬和狐狸一樣有著銳利的臉頰，大膽雕刻出倒三角的形狀吧！突出的口鼻部也會更明顯。

23 與前腳相連的腳踝分界曲線也要確實刻出來。不過，如果腳踝的弧度太大，可能趨向卡通化而不夠寫實。

24 四肢若是太粗也會不夠寫實，所以要繼續雕刻出細節。若擔心失誤，可以打底稿，按照底稿線條雕刻。

25 雕刻前腳時，不能只雕刻細的部分。從肩膀到腳掌的整條肌肉都要顧及，注重整體線條進行雕刻。

26 從這裡開始到步驟29，是更進一步挖鑿雕刻好的輪廓，讓整體更接近柴犬的形象。首先從耳後到脖子的後仰曲線開始。

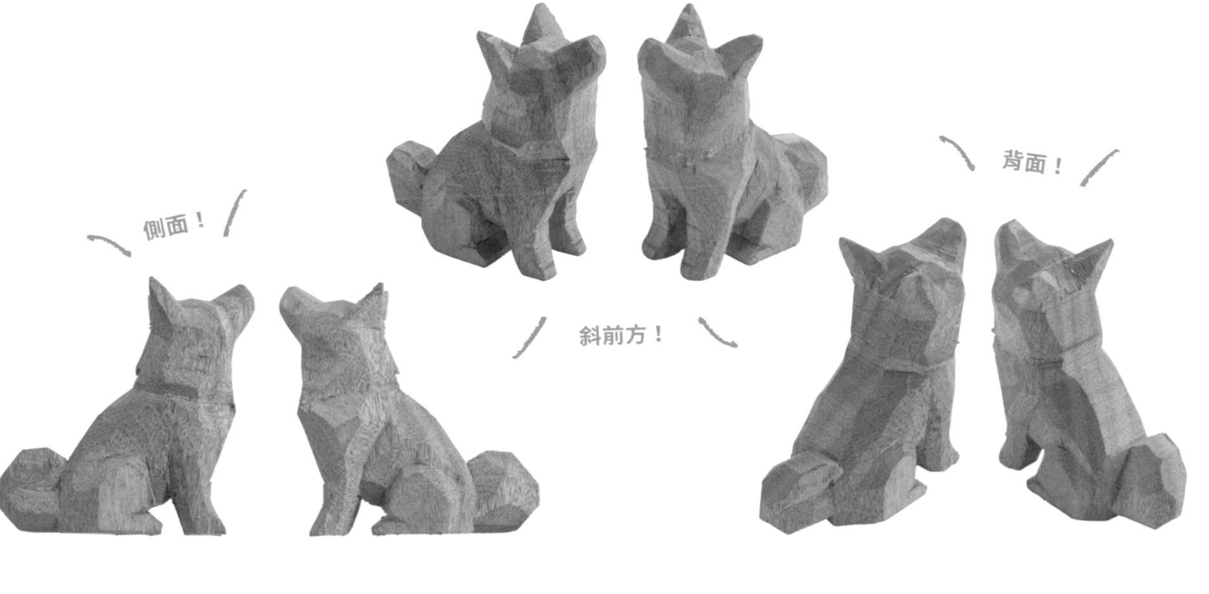

27 雕刻前腳的同時，腳踝與腳掌連接部分要挖鑿出高低差。雕刻出腳踏實地的兩隻前腳。

28 如果擔心雕刻得太過頭，可以稍微打底稿，再繼續雕刻兩隻前腳中間的分界。

29 肩膀和身體連結的部分，記得肩膀的肌肉比較厚重，所以身體要削掉多一點。

底部

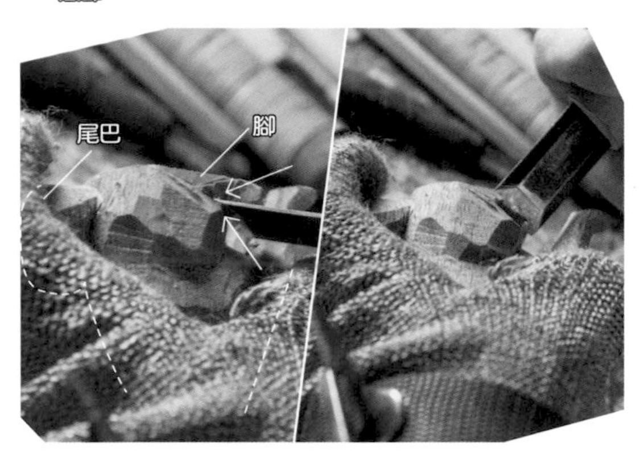

30 四腳朝天，用雕刻刀確實挖鑿。內側也要雕刻出左右腳，以及前腳與後腳之間的界線。

31 雕刻接觸地面的腳掌。蹲踞的柴犬不會完全貼坐在地上，臀部和腳掌都稍微抬起。要仔細觀察柴犬模特兒。

32 腳掌與地面接觸的方式、蹲踞的方式，都可以看出動物的特性。和毛皮蓬鬆的貓坐姿有什麼不同，可以研究看看！

33 四肢若是太粗也會不夠寫實，所以要繼續雕刻出細節。若擔心失誤，可以打底稿，按照底稿線條雕刻。

34 用較窄的平口刀，進一步雕刻圓潤後腳部分的細節。

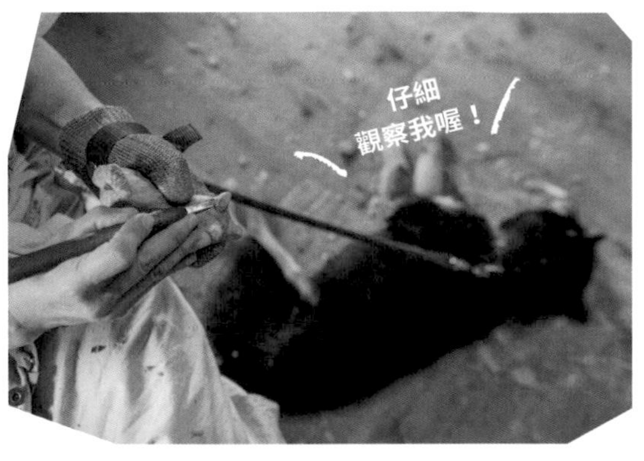

35 如果狗模特兒就在身邊，要不時觀察一些細節部分，常會有新的發現。開始進行耳朵豎立程度等小細節的修整。

細胚

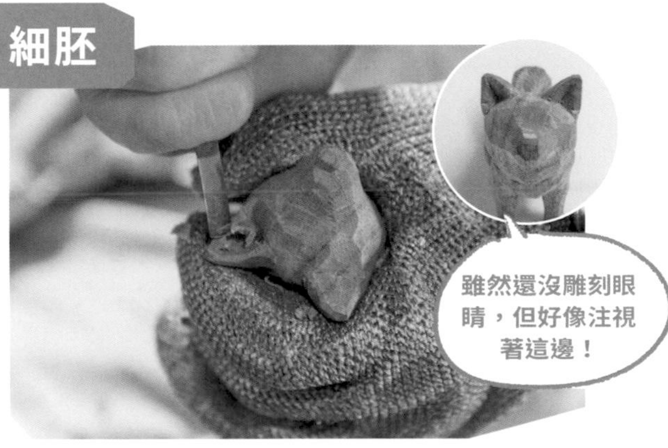

36 耳朵內部也要雕刻細節。不要像貓耳往前傾，依照狗的品種，各部位的形狀也會不同，所以要仔細觀察狗模特兒。

37 鼻子給人印象強烈的狗，口鼻部分的細節要特別仔細。用較窄的平口刀雕刻鼻孔，修整眼睛所在位置的鼻根處平面。

38 狗鼻和貓鼻不一樣，非常明顯，要雕刻成圓潤突出的樣子。以鼻尖為中心點，將周圍削除一整圈，讓鼻子突顯。

39 在圓潤突出的鼻尖上雕刻出鼻孔。用較窄的平口刀邊角用力雕刻出鼻孔，然後從下巴的下方往鼻尖修整口鼻部。

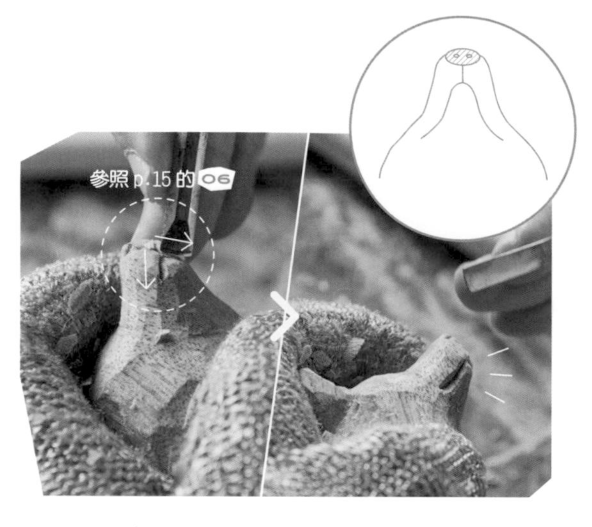

40 在鼻子下方雕刻出嘴巴。不要把嘴雕刻成一般直線，而是斜斜地切畫出 V 字型，再加粗線條。

41 雕刻出眼皮與眼睛。一開始先決定要雕刻大笑的狗、生氣的狗，或是開心的狗，表情自然能生動地呈現。

42 長有犬齒、下巴強健的狗，也要雕刻出下巴周圍有力的肌肉。各品種的狗各有其個性與特徵，必須先了解每隻狗的獨特魅力。

43 把戒指試掛在狗的鼻子上。確認掛起來的感覺，以及戒指的大小、口鼻部的長度等，進行最後的修飾。

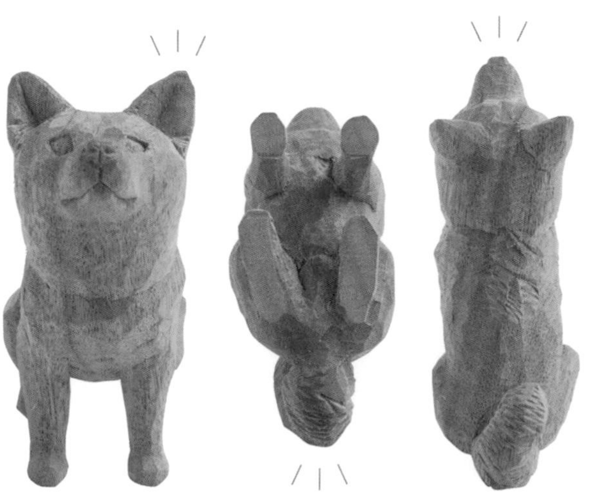

44 不管從哪個角度來看，都是可以傳達出生命的雕刻。雕刻最重要的是專心、用心。

上色

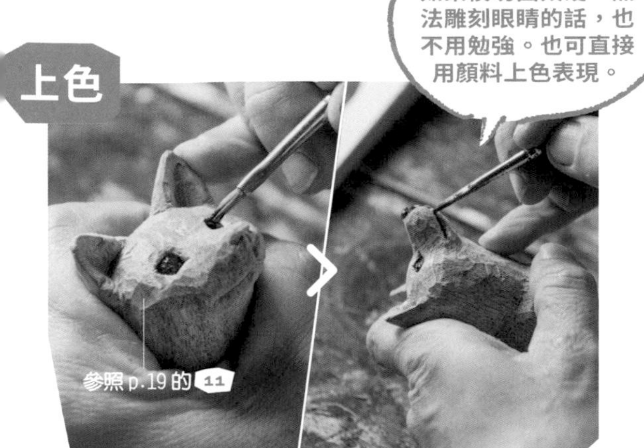

45 用透明腰果漆塗滿整個眼睛打底。中心部分疊擦黑色腰果漆，不要塗太黑，要能稍微看到底下的透明漆。鼻子、嘴巴的線條也塗黑。

46 黑柴犬的黑毛部分先用水性護木漆打底，上色才會漂亮。對雕刻黑柴犬來說，水性護木漆是很重要的塗料。

47 整體塗完水性護木漆後，乾刷上黑色的毛皮。不過，白毛的部分留著原木的狀態不要上色！

48 眉頭與白毛的部分，不要使用純白色顏料，而是塗上「未漂白鈦色」。以這種未漂白的自然白色來完成。

49

黑柴犬當中毛色也各有差異，有的毛皮是藍黑色，而年紀大的毛可能不太黑。仔細觀察狗模特兒後再決定顏色。

橋本美緒的木雕作品

Mio Hashimoto's Art Works

熟悉木雕之後，除了本書介紹的木雕之外，
可以慢慢朝原創作品的方向邁進。
以下介紹一些橋本美緒的動物雕刻作品。

結語 Epilogue

不知道你是否有過這樣的經驗？在學會一項技術、一種語言，甚至是一首歌的時候，就算一步也沒踏出門，還是會覺得世界變得寬廣起來。

這就是獲得某種自由的感覺。

以前曾經發生過，雕刻出來實在不怎麼好看的小動物，握在手中卻感覺到不只是一個普通的木塊。創作完成的同時，的確在作品中灌注了生命力，這樣的瞬間我永遠無法忘記。

自己親手創造的作品，是這個世界上唯一且無可替代的事物。

創造出的作品中，一定會融入創作者內在的一部分，即使想抹去也沒有辦法，因為它早已滲入作品，在動手削除不需要的部分之前，可能會先找到真正的自己。

不要管方法或技巧，而是在自己的能力範圍內盡情享受創作的樂趣，說不定也可以從本書中獲得一些技巧或手法。

第一步是累積創作，如果能從中體會到木雕的感覺，那就太好了。不只是動手和動腦，還要加上耳朵傾聽與全心投入。

作品紙型

以下是本書介紹的動物作品的紙型。
影印後剪下，如圖示在紙型和木塊中間墊一張複寫紙，
沿著紙型描繪，便能將底稿複寫在木塊表面。
對於「素描怎麼樣都畫不好！」的人來說，
這是可以學習的初步技巧。

描繪
鉛筆
重疊
紙型
複寫紙
複寫！
木塊

貓湯匙 100%

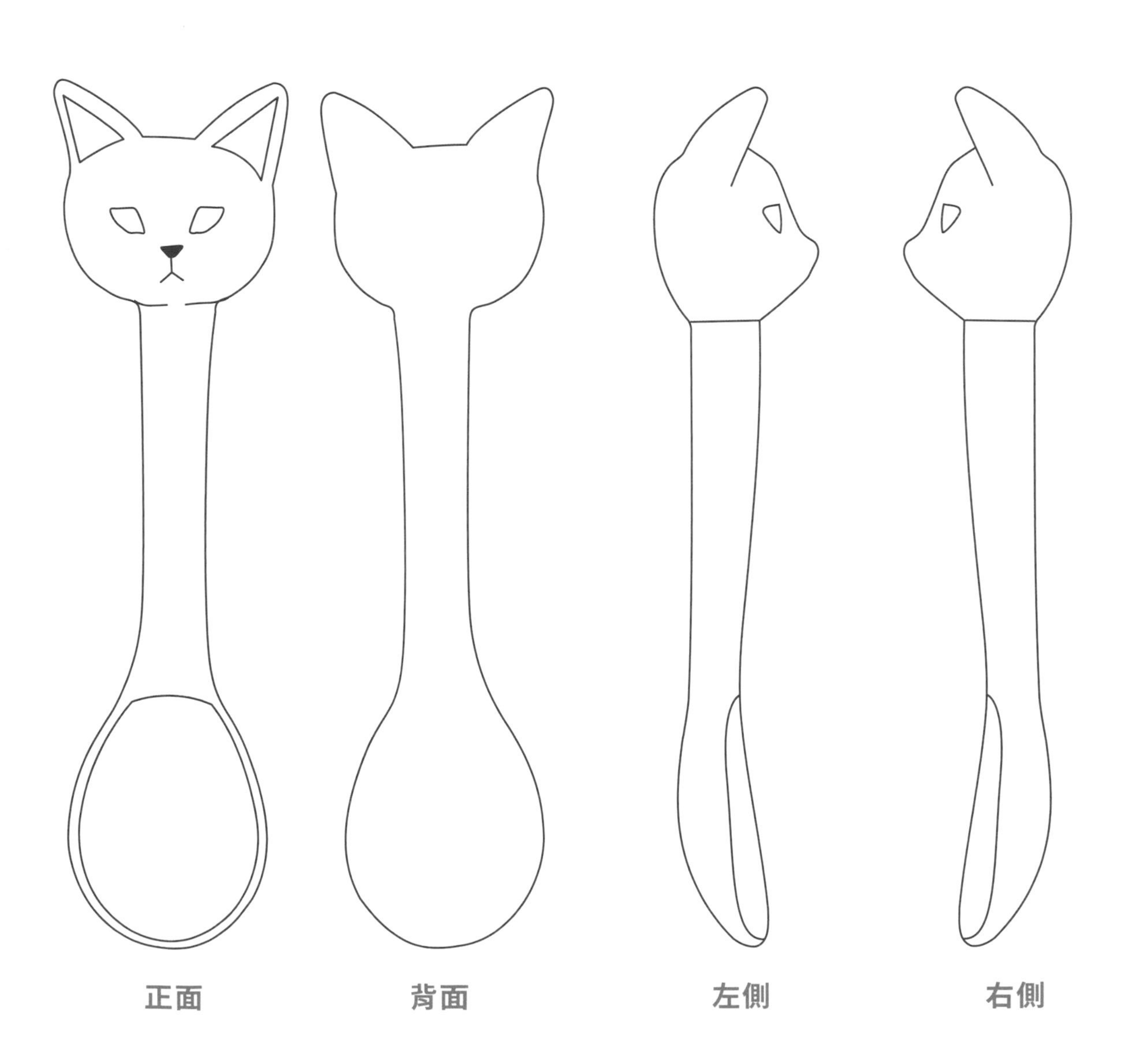

柴犬湯匙 100%

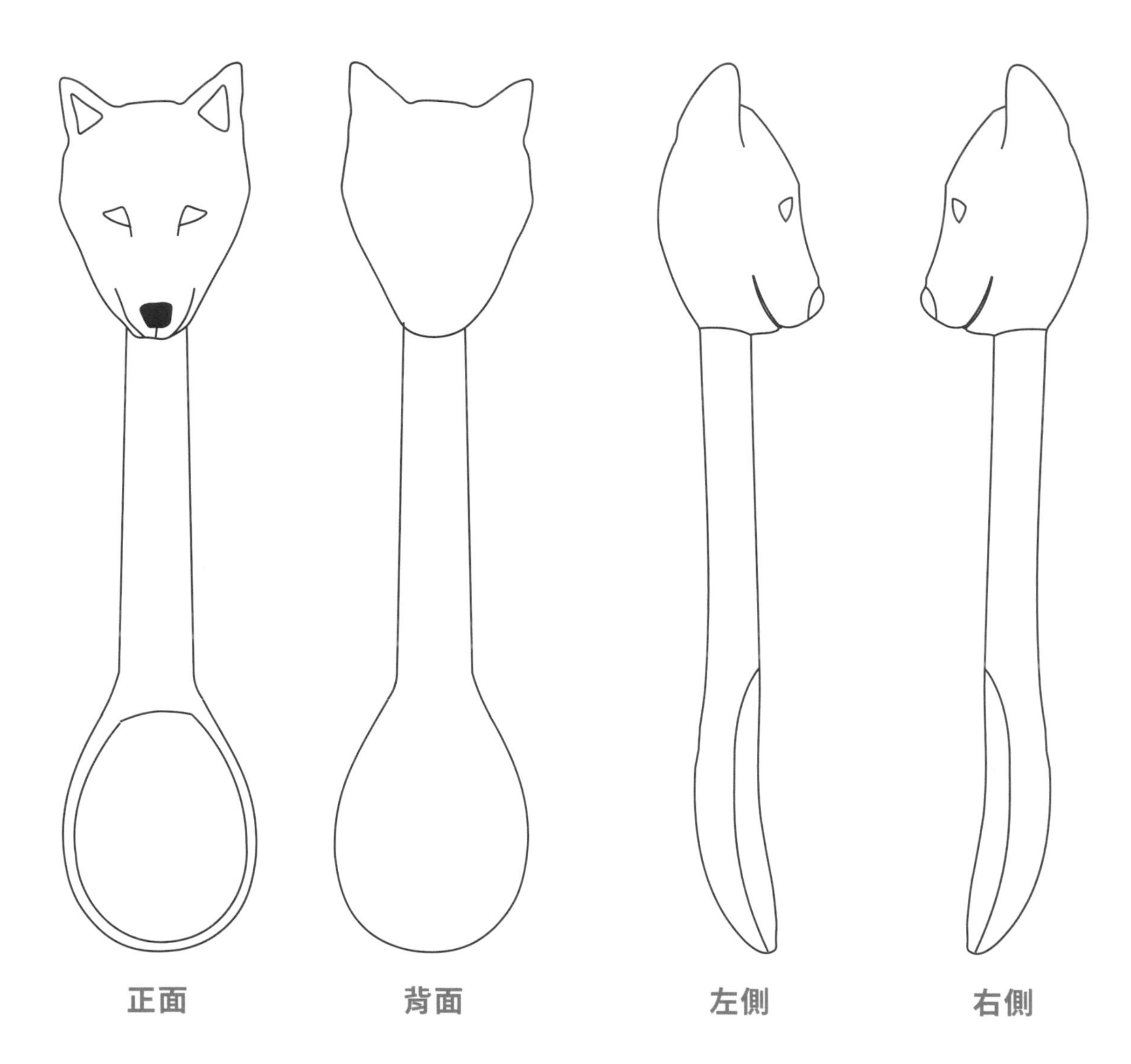

貓咪盤子 100%

海星 100%

燕子胸針 100%

兔子浮雕 100%

海獺 100%

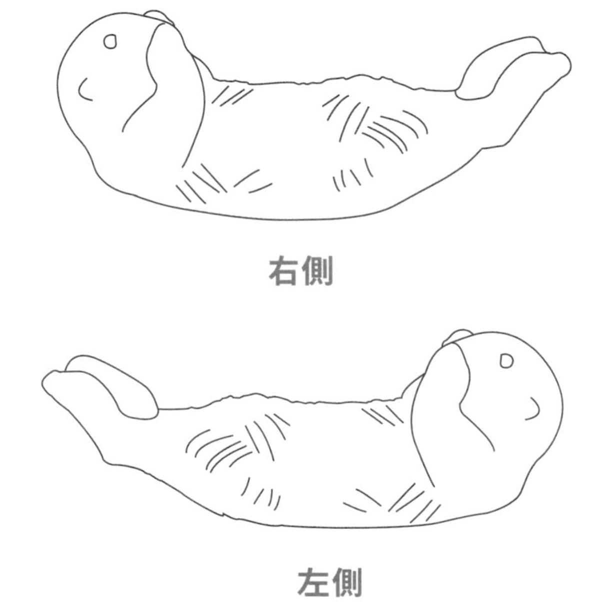

右側

左側

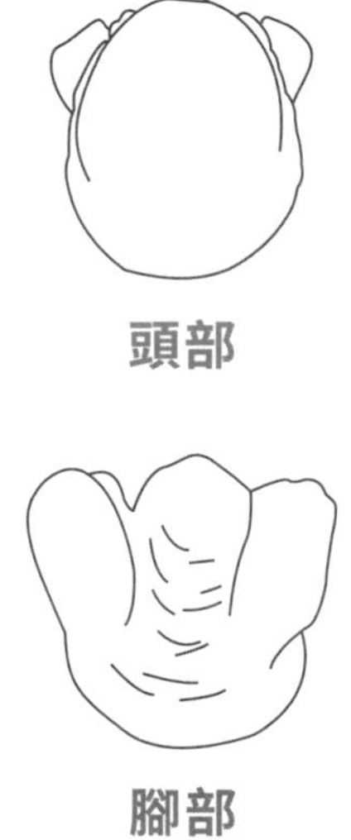

頭部

腳部

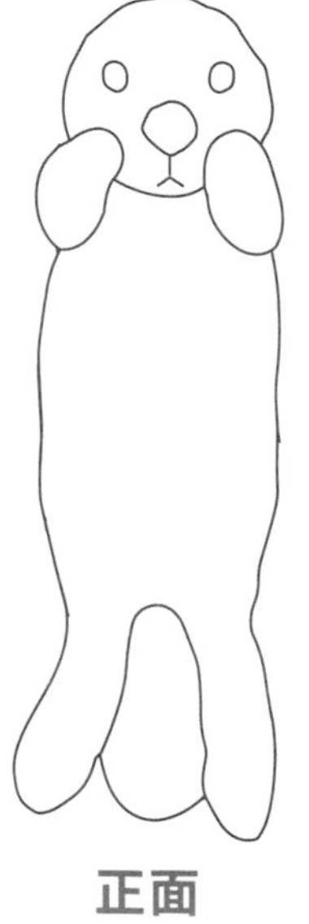

正面

翻車魚 100%

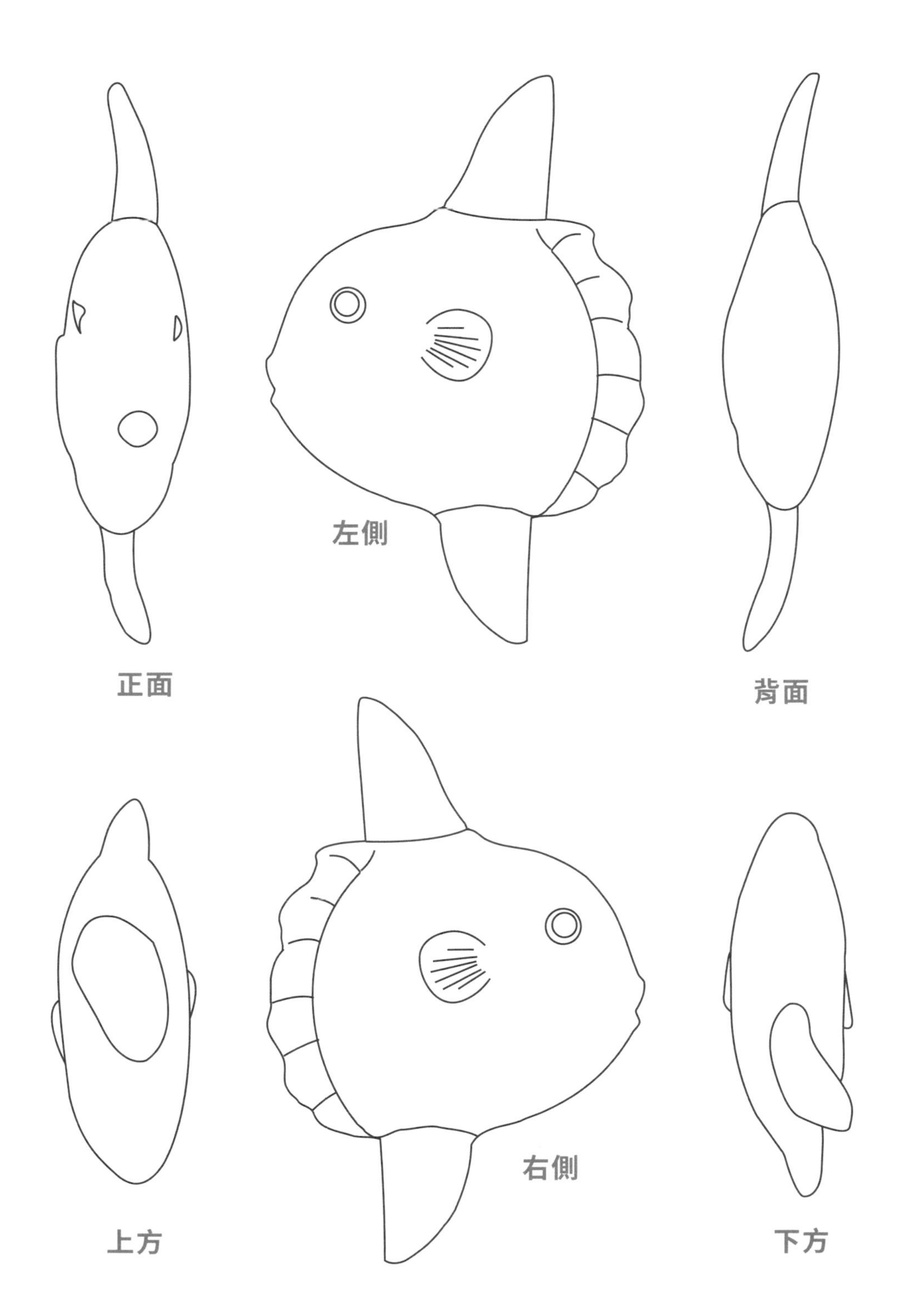

虎斑貓戒枕 100%

黑柴犬戒枕 100%

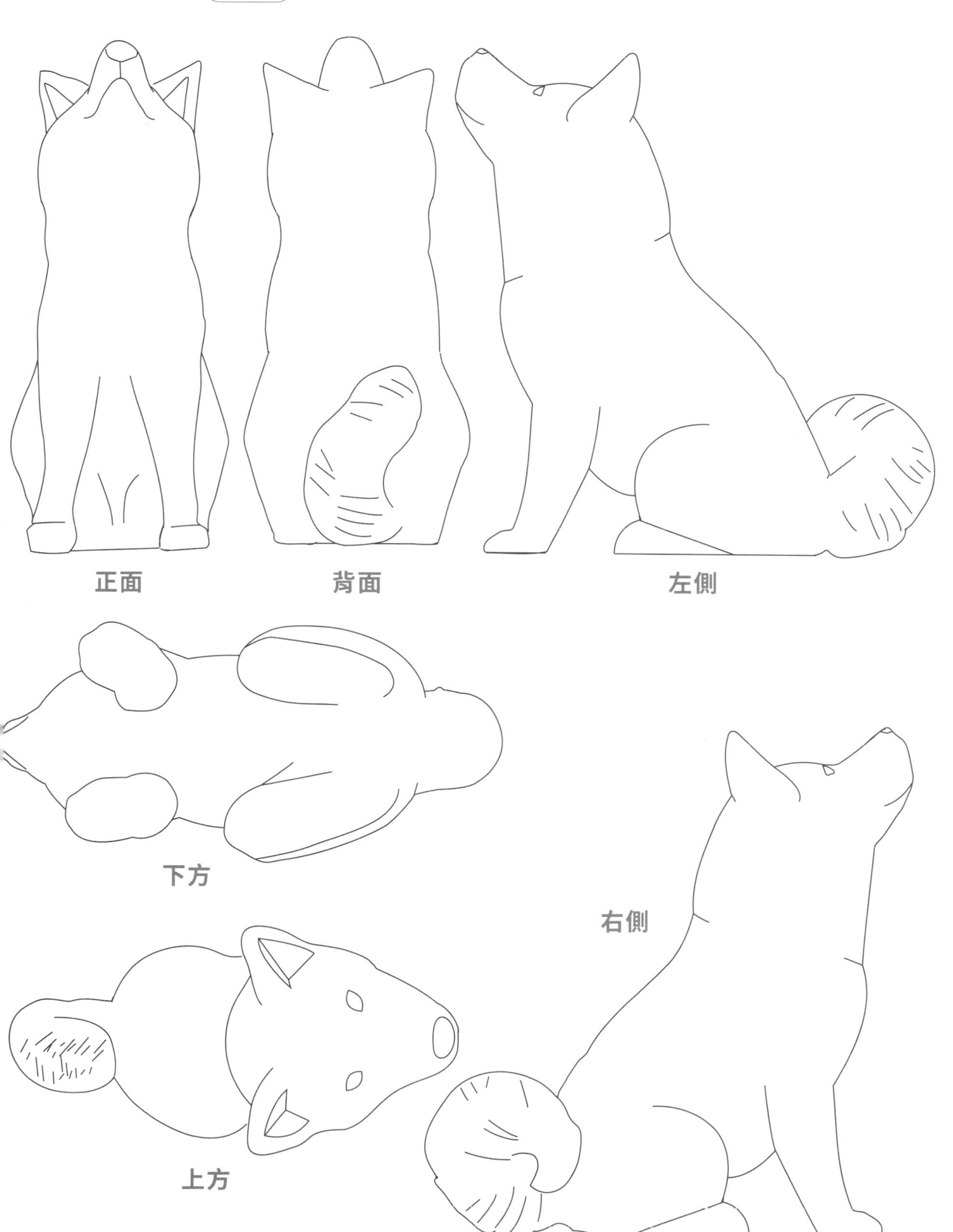

Hands 067

橋本美緒的木雕教室

小木塊就能做！全手刻動物圖案生活雜貨、配件與擺設

作者｜橋本美緒
翻譯｜徐曉珮
美術完稿｜許維玲
編輯｜彭文怡
校對｜連玉瑩
企畫統籌｜李橘
總編輯｜莫少閒
出版者｜朱雀文化事業有限公司
地址｜台北市基隆路二段13-1號3樓
電話｜02-2345-3868
傳真｜02-2345-3828
E-mail｜redbook@ms26.hinet.net
網址｜http://redbook.com.tw
ISBN｜978-626-7064-49-8
初版一刷｜2023.3
定價｜380元
出版登記｜北市業字第1403號

國家圖書館出版品預行編目

橋本美緒的木雕教室：小木塊就能做！全手刻動物圖案生活雜貨、配件與擺設/橋本美緒著.
-- 初版. -- 臺北市：
朱雀文化事業有限公司, 2023.03
- 冊；公分. -- (Hand ; 067)
ISBN 978-626-7064-49-8

474　　112001843

Origianl Book Staff
Designer/DTP：Yusuke Shibata（soda design）
Akiko Takeo（soda design）
Proofreading：Ouraidou
Photographer：Keiichiro Natsume
Writer：Shizue Hanano
Editor：Moemi Tsuchiya